CRM銷售心法

善用CRM客戶關係管理知識
活化現有客戶資源，
深度經營客戶關係，
有效提升銷售業績！

李品睿 著

推薦序

用心、用方法，讓客戶成為你的擁護者

凱基證券董事長
魏寶生

美國知名學者李維特（Theodore Levitt）提過，「組織必需學習不要將自己只視為提供商品和服務給顧客，而是在收買顧客。所作所為就是要讓大家渴望和自己做生意。」

在我過去任職的政府財經部門、外商以及目前的國內民營金融機構任內，和業者有大量接觸的機會，我始終認為瞭解客戶（包括一般老百姓在內）和提供商品及服務，以

感動客戶，是一件必須長期經營的重要工作。

很多人以為顧客關係管理（Customer Relationship Management，簡稱 CRM）只能運用於企業，需要有龐大的資料庫及運算統計分析，其實不然，擁有人脈資料庫亦可以運用 CRM 的架構系統與方法，發展重要客戶，讓忠誠客戶成為政府，公司及業務人員最有價值的擁護或支持者。

本書有別於其它顧客關係管理書籍，作者李品睿先生將多年壽險行銷與業務管理的實務經驗，結合理論系統架構的實用好書。不僅適用於金融服務業，凡是需要面對客戶及大眾的行業、組織或人員，都可以運用本書的觀念方法，創造業務和客戶雙贏的新價值。

令人滿意的服務，容易被忘記、被取代，因為大家都知道如何提供滿意的服務；超越客戶的期待，則能使客戶忠誠、重複購買；不過，這還不夠！最高境界是卓越，也就是在行銷過程、提供服務、關係維護等三方面做到「與眾不同」，那麼客戶將成為業務人員的擁護者，擁護者會主動介紹更多客戶，因為他想把美好的感受經驗分享給其他人。

在這個競爭激烈及資訊爆炸的時代，消費者一天當中往往要面對好幾種商品或服務的購買抉擇，客戶會忘記業務人員說的話、做的事，但很難忘記業務人員給他的感受。因此，客戶內心的「感受」才是真正的核心價值。因此，如何經營客戶、探知客戶的感受，進而提供滿足其感受的商品與服務，好好體會並實踐本書的方法，你可以讓客戶成為永遠的擁護者。

本人與品睿兄認識多年，深知他是一位年輕有為，不止於眼前的成就，總是勇於開拓視野，努力突破、上進的專業經理人。本書更讓我見識到他將專長的業務銷售及行銷領域，更進一步提昇到專研與顧客關係發展的精髓，令我感佩，故特予推薦，並請各界人士不吝賜教。

推薦序

以心為客戶創造價值

前宏泰人壽董事長

　　以公職與學術領域多年數字管理經驗，我一直深信無論是政府或企業，正確的統計分析能讓管理者從數字看到很多訊息。自從跨足人壽保險業後，更相信數字會說話，且了解金融保險業除了看數字外，還要讀客戶的心。因為金融保險業是服務人的行業，統計方法雖然可以量化出各種消費者行為模式，然而，要成功讓消費者買單，端看商品或服務能否感動客戶、能否以顧客關係為客戶創造價值。

金融保險商品雖說可形諸數字及條款，但保戶或投資人會購買這項商品，絕非只是被那些數字或條款文字所說服，而是他知道擁有該項商品後，內心的夢想、計劃將可實現，恐懼擔憂會因而減少。業務人員是最了解客戶的第一線人員，其工作即在協助客戶實現他的夢想、減少他的時間成本與心理成本。也可說是為客戶創造價值。

金融商品不是用力推，就能把商品銷出去，百分之八十的業務人員努力地「推銷」，在業務這條路上愈走愈辛苦。現今金融商品汰換速度比以前快，想從商品差異化維持競爭優勢幾乎不可能。另一方面在資訊網路普及下，客戶可接觸的購買通路愈來愈多、蒐尋成本愈來愈低，業務人員要維持客戶的長期關係愈來愈困難。想要脫穎而出，唯有做到關係行銷，也就是對現有客戶累積更深的了解，將客戶差異化，找出核心客戶，適時、適量、適切的提供能滿足客戶需求或創造客戶價值的商品（或服務），如此將會創造忠誠客戶，並從忠誠客戶延伸更多客戶。這也就是本書所要傳達的客戶關係管理理念與心法。

品睿兄過去多年在壽險個人行銷與業務管理上有優異的表現，如今在本公司曾榮獲多次全球壽險界最高榮耀——MDRT（美國百萬圓桌會員），也成功培養多位 MDRT，之後更朝學術專業更上一層樓。很高興看到他現在將多年的行銷和業務管理經驗，結合顧客關係管理理論出版本書，這不僅是保險從業人員的行銷寶典，對其他金融業人員也是深具應用價值的一本好書。

我要跟各位讀者分享一則古老故事，是關於三個砌磚工人的。有三個工人在雜草叢生的地方蓋教堂，有一個路人途經這三個工人的工作地點，他問道：「請問你們正在做什麼？」

第一個工人回答：「我在砌磚。」他內心對工作和地點頗多抱怨。

第二位很無趣地接著回答：「我在努力賺錢養家糊口啊！」

第三位工人愉快地說：「我正在修建世界上最偉大的天主教教堂！」他打心底喜愛且尊重這份工作。

當我們的心念侷限於為了賣產品，或為了這一季業績而去見客戶，那麼客戶會感受到我們的出發點不是為了他；如果我們是為了實現客戶的夢想而努力，協助他發現內心真正需要的，並且為他規劃適合的商品組合，那麼，我們就是為客戶創造了價值，也是提升了我們個人工作的價值，就如同上述第三個工人的工作信念。

《真原醫》的作者楊定一醫師寫道：「健康不能只是被切割成分子和化合物而已，而是身心靈的完整和諧平衡，除了肉體，我們還有智慧、心靈、創造力，所以絕非單靠化學物質組合的特效藥物就能夠輕易達到健康的。」同理，金融職場也不能只是被切割為客戶、員工、股東而已，要用「心」去造就職場的完整和諧平衡。做員工的，以心為股東創造利益，以心為客戶創造價值，再以心為自己得到對工作的喜愛和尊重，不就皆大歡喜了嗎？

推薦序

做好顧客關係管理，定能創造再銷售良機

宏泰人壽總經理

網路資訊發達造就千變萬化的行銷模式，隨之而起的如電話行銷、網路行銷及電視購物等，企業因業務發展考量，開始重視客戶服務部門，希望找出企業永續發展的精髓，客戶關係建立及維護都更不容忽視，隨著不同的行銷模式採取的方式也會有所差異，有的須靠公司的品牌知名度取得客戶的信賴度，並經由大量短期的廣告促銷刺激客

戶購買慾，但有些行業的產品，須靠行銷人員提供專業、熱忱、面對面的長期性服務，才能有效地建立及維護良好的客戶關係，如人壽保險業，當客戶數累積到一定數量後，會面臨做好客戶服務重要？或是繼續開拓新客戶？

成功的行銷工作者會將客戶關係建立在與自己是永不終止的好朋友，同時也是事業發展良好的夥伴關係。兩岸三地壽險產業發展，因台灣已有半世紀的歷史，同時拜大陸過去二、三十年經濟蓬勃發展之賜，壽險行銷從業人員就有數百萬人且仍不斷成長中，社會上對於具專業的壽險行銷從業人員也普遍給予肯定，現階段壽險行銷是許多有志從事行銷工作者優先選擇的行業之一。然而有多數壽險行銷人員工作幾年後會面臨瓶頸：找不到新客戶，或累積的客戶數多了，出現服務不周的問題；如何做到開拓新客戶，同時兼顧做好現有客戶服務，便成了重要課題！是否能有資訊可以協助兼顧上述兩項的功能呢？

在這個競爭激烈的時代，誰能掌握客戶需求提供最適切的服務，即能成為商場上的致勝關鍵，坊間介紹行銷的書籍琳瑯滿目，針對特定領域、特定行業別的也不難發現，有些著重理論基礎，有些著重成功經驗分享，但對從事行銷工作的讀者，會習慣性希望能精簡快速吸收，故如何安排章節內容較能切合閱讀者所需，也是作者必須重視的。本書作者品睿從事壽險工作二十多年，歷經基層行銷工作、業務單位經理人、擔任訓練企劃主管，並在繼續求學深造同時，長期在兩岸受邀演講，分享其壽險行銷的成功心得，工作之餘把實務經驗融合所學，有系統地將「面對面」行銷重要環節之一「顧客關係管理」整理成書。

顧客關係管理是種行銷技巧，讓您在行銷過程中掌握訣竅，依客戶屬性、期望、能力及時間動態，提供客戶適合其需求的解決方案，並經由管理好客戶關係創造再次銷售機會或拓展新客戶，除此之外，也教您如何篩選、掌握、經營您的核心客戶，避免行銷業務人員花過多時間精神在效益低的工作上。對於要在銷售事業持續保有輝煌績效的菁英，真心推薦這本書給各位！

成功來自超越期待

天津南開大學商學院院長

我們今天處於快速變革的時代，特別是在全球經濟發展面臨嚴峻挑戰之時，無論從事哪一個行業，都要特別注重因應社會和市場的發展，多方面吸取知識並結合實踐，為自己找到不可取代的優勢。

就銷售工作而言，整體環境的轉變帶動消費模式的轉變，對銷售業務人員是新的挑戰和機遇。業務人員除了瞭解自己的商品、研擬達成業績的策略之外，更應從根本認識銷售工作的本質，釐清自身與客戶間的關係和定位。

本書作者品睿於二〇一一年二月在台灣出版《333銷售心法》一書時即為本校博士班學生，於求學期間其每每能在課程研討中，侃侃而談個人對銷售之學理與實戰經驗面的應用與融合過程，並基於本身即由基層業務做起，其真實的人生經驗常能激發業務新手勇敢克服困境；二十多年的一線業務經歷不僅為他本人帶來豐厚的資源，並深獲業界讚賞競相邀請為業務培訓貢獻心力。

品睿不僅有業務高手的實力，長期以來亦不斷地努力追求新知，所以在他身上看得到專業經理人的自信，亦誠如其於書中所表達的個人體會──「溝通成功與否決定於：內容百分之七，語氣百分之三十八，身體語言、態度、眼神百分之五十五」，除了專業能力與技巧之外，更重要的是用心，以同理心與人誠摯地溝通，能建立起忠誠客戶關係，能成為最優秀的業務高手，其對人的服務態度往往就是超過一般業務的細膩。

在本書中作者全面性的談銷售，由銷售的基本概念開始，先說明何謂客戶關係管理，以正確定義這個關係所涉及的層面，到進一步整理歸納出客戶關係管理的理論，提供經營客戶關係的技術層面細節，讓讀者加以運用，接著談業務人員應具備之正確態度和觀念、如何有效且持久經營客戶關係，最後進入實戰演練與傳授獨特技巧。本書就像業務的錦囊妙方，不僅值得詳讀，更適合放在身邊，隨時拿出來閱讀都能派上用場，為自己多加油充電、找出銷售的瓶頸與突破的方法，是有志成為銷售高手的你不應錯過的好書。

推薦序

喜愛與尊重自己的工作是銷售的第一步

東吳大學企管系教授
阮金祥

「用心服務」人人會說，但真正能服務到客戶心坎裡的卻不多。品睿在他的前言中，提到自己在北京一家火鍋店排隊等候時，像在大雜院中和街坊鄰居閒嗑牙般的新奇體驗。那些看似微不足道卻又超乎預期的款待，正說明了「留住消費者的心」才是經營致勝的關鍵；而其中的「人」，更是驅動企業永續成長的引擎。少了第一線人員的用心，企業的商品再好，流程再精準，也無法創造出這些難能可貴的體驗。

在銷售導向的業務工作中，服務的精神更是業務、銷售人員的最佳利器。但服務二字，用說的簡單，甚至有人認為是老生常談，其中的許多「眉角」，才是每位業務銷售人員高下立見的分水嶺。這些細微的差異，對於像品睿這樣的業務老手來說是輕而易舉，但業務銷售新鮮人卻往往不得其門而入，只能在門面上下工夫，模仿前輩的待客之道，但忽略了自己的長處與價值；也不知如何利用現有的資源，更遑論達到書中所提的「精緻互動」的概念。

誠如前述，銷售是對人的一項服務，業務人員應多花心思做好與客戶互動前的準備，這包括提供客戶專業諮詢時，必須詳細了解客戶需求，設身處地為客戶最大利益著想。如此方能成為客戶心目中熱愛自己的工作、尊重自己工作的業務，及擁有無人可以取代的客戶關係、為實現客戶夢想而努力的長久伙伴。這是一個心態的問題，也是一個是否持有正面思惟的問題。這也正是我所認識的品睿，如果缺少了這項特質，他又如何能在自己屢創佳績之餘，亦能培養出眾多業務菁英。

換言之，在銷售之前應該先做好「認識自己」的功課。有了品睿這樣的業界高手不藏私公開技巧，業務銷售新人也要從閱讀中吸取經驗，透過練習找到訣竅，逐步了解自己能帶給客戶什麼樣的體驗價值，才能真正抓住客戶的心。

CRM銷售心法 目次

二、觀念篇

三、客戶篇

四、實戰篇

五、技巧篇

源起

透過個人經驗分享，希望大家成為超級業務

從事業務已二十多年，坦白說，我曾經賺到不少錢，也經歷過人生最輝煌的時刻。房子、車子對我來說都不再重要，過去很多朋友人談起意氣風發的我，總投射豔羡的目光。那時候所表現的成就感，現在回想起來，都不免覺得膚淺！

多年來經歷人生中的起起落落，看盡人生百態後，特別是我輾轉到大陸求學、演講，對於人生下一階段的使命，有了更深一層的體會。常看到許多業務員，明明手上握有許多豐富的資源，卻因為沒有掌握到要點，拿不到業績，對於所謂的好客戶與好朋友的界線始終模糊，對於優質和一般客戶的服務差異化也未界定清楚，每天工作異常的忙碌，廣受現實生活的壓迫之苦。深思之餘，一種蠢蠢欲動表達想法的念頭，一直在我心裡啃噬。

我常常想「做業務有這麼難嗎？行銷就是這麼不得法嗎？想當初我怎麼經營客戶？怎樣……」經由一位南加大教授的啟發，讓我發現自己擁有上千位的客戶，更應該自己鑽研出屬於業務上的CRM理念、想法、技巧和實務上的實踐、再加上投入在碩士論文的研究發表，逐漸歸納出一套系統化的方法。多年來將此教授給許多業務人員，進而幫助他們獲得良好的成績。現在的我，除了繼續在攻讀博士領域深入研究外，也在所屬公司的部門裡做更深入的導入，經過了十個月的企業訓練實證，及更精確地量化的分析與研究後發現，有些業務同仁在短短半年內明顯提升高達百分之六十以上績效，最後將此成果角逐業界最高培訓榮譽獎項，並提供業界教育訓練新的思維；以往，訓練的成功與否端看長期持續累積的結果，而我更希望藉由此書，把績效做更緊密的結合。

目前的我，除了在大學兼任教書外，在自己的工作領域中，看到深受業績之苦的業務員，我決心把這樣實證和理論與業界夥伴分享；現在的我也早已跳脫對物質生活的慾望，優游於工作、寫作、教書、就學的心境，不再緬懷過去因為業績做得好，成為大家口中的超級業務員的名聲，而是希望在傳承業務夥伴的成功過程裡，讓我獨享成為快樂的泉源。

每個人有三張保單

根據統計，台灣金融業目前大約有超過三十二萬的業務員從事有關保險相關的銷售工作。這樣的數字看起來好像還好，但是當你知道全台灣的二千四百萬人中，平均每八十人就有一位業務員作服務，平均投保率超過百分之二百十九，投保普及率是百分之三百二十七點五八（二〇一一年度保險事業發展中心資料）。換句話說，平均每一個人就有三張保單，這樣的數字顯示，你心裡會有什麼樣的感覺？很高，對不對？如果你又是身為金融從業人員，對於經濟不景氣的現代，尤其在經歷過二〇〇八年的金融大海嘯後，金融業業績普遍下滑，是不是更有感覺？心裡更是戚戚焉？

所以，在這裡，我不想唱高調去形容：「面對這樣的飽和市場，我們應該要怎麼突破？首先來看各項金融商品市場的成長率……」等這些問題。我想說的是，銷售人員面對這樣的情況，首先應該做的事情就是面對自己的客戶！而不是激烈的商品與價格競爭；特別是在紅海的市場競爭中，銷售人員如何維持經營原有客戶的態度和方法，以及如何開發準客戶等，掌握顧客關係管理的基本原則和訣竅更顯重要。

老實說，現在的金融業競爭更激烈，銀行、證券及獨立經代、保代公司都在嚴重瓜分整個金融市場，如果不用對方法，很可能你忙了老半天，還是在原地打轉。銷售人員必須認清楚其中的嚴重性，然後針對自己與客戶的關係，作一個重整的認識與經營。

重視客戶關係管理（Customer Relationship Management，簡稱CRM）

許多人業績做不好，就到處找方法，看很多書、問人，甚至是拉關係，試圖從中找到銷售的好時機，卻忘了自己手上正握有「賺錢」的「關鍵之鑰」——客戶。任何一位業務員正如同一般的行銷人員，必須清楚知道客戶的需求，確實掌握客戶的問題，並從相關的專業知識與銷售技巧中鑽研，不斷的充實和學習，來尋找促成彼此「合作」的機會點。

我必須很認真地說，處在今日「客戶導向」的時代裡，業務員不能一直停留在以往的「商品導向」上，而需真正瞭解、精確地區隔客戶的喜好，找出客戶的潛在需求，進而規劃客戶樂於接受的商品。具體來說，只有提供客戶真正需求的商品，才能維繫業務員與客戶間的良好關係。因此，近年來客戶關係管理（Customer Relationship Management，簡稱CRM）逐漸成為眾所矚目的焦點。

客戶關係管理要能精確瞭解客戶，以進一步掌握客戶的消費行為，就牽涉到如何對龐大資料進行有效地蒐集、儲存、轉換、擷取與分析的過程。其重點核心，就是資料倉儲（Data Warehousing）與資料探勘（Data Mining）。看起來或許有點難懂，但事實上，簡單來說，只要瞭解客戶的重要，進而掌握如何管理和維繫的訣竅，這，就是銷售業績的關鍵所在。

你已經掌握了最佳客戶名單，卻不知道如何運用，會不會覺得很冤？

一般來說，許多需要銷售為導向的公司通常都擁有大量的客戶，而這些客戶都是誰在聯絡和服務？當然是業務人員。如果你已經了解這些名單，卻不知道如何運用，每天面臨客戶不斷拒絕與流失，或是業績下跌，想想看，會不會覺得很冤？

針對業務人員的CRM，也就是說利用科學的方法、系統化的整理，對客戶的資料庫作分析，然後轉化成個人的客製化服務；對業務員提供簡單、易懂的方法，管理客戶，並作進一步的運用。雖然到目前為止，所有的相關研究還沒有成熟，但現在我願意根據多年來的研究，以及實際運用的例子，提供大家作參考。

或許，在學習過程中，CRM的概念架構、資料表單、分析方法等不同知識形式的組合，看起來有點艱難，但這些只是作為發展理論基礎和實踐方法的背景架構而已，為了讓你們更清楚地瞭解。我會透過具體的個案，說明客戶關係管理的應用，以及應用的效果成效。我想，實質上的幫助業務的拓展和顧客的維繫，才是寫這本書最重要的目的。

依照客戶的心理需求，注意長期客戶的滿意度

業務員往往以績效作定論，認為商品銷售（Sale）和市場行銷（Marketing）一樣，都是把東西賣出去。但我必須嚴肅地說，目的相同，但方法不一樣，最主要的分別就是客戶的心理需求滿足方式不同。國外一位學者把行銷和銷售作了以下的定義：「銷售是由內向外，行銷是由外向內。」也就是說，銷售是把商品推銷出去，行銷是找出需求來滿足需要。在銷售和行銷的基本道理上，找出共同的交集點，就是信任（Trust），信任二字的連結點應是「關係」。一般而言，關係（Relationship）在國外文獻通常定義是人們在社會或行為方面利益的交換，而在中國人文化社會裡，處處講求的關係（Guanxi）卻指的是人脈、人情關係，誠如一句俗話所說的「有關係，沒關係。沒關係，找關係。」正可以用來為「關係」點出一些微妙的聯結與遐想。所以本書所要表達出的是，科學化的分析和華人社會裡講求的「關係行銷」，而不是單純的「關係銷售」技巧。其實不管怎麼說，行銷的領域中，維持「有價值」的客戶關係絕對是一個長期需要關注、培養的觀念；而且，長期目標必須是傳遞關心、關懷和同理心的價值給客戶，換句話說，就是培

養「價值客戶忠誠度」的這件事。

在這裡，我講個有趣的經歷分享；曾經有一次，我應邀到大陸上課，閒暇之餘，到了一家非常有名的火鍋店用餐，抱著好奇嚐鮮的心態，我去了。進門後，果然看到滿滿都是人，萬頭鑽動的「盛況」，但，這些都不足以讓我吃驚，畢竟大陸的人多，尤其是這些年經濟發展，只要好吃，他們也會一窩蜂的嚐鮮。

真正讓我驚愕的是，進門領了號碼牌後，服務員竟給我象棋、圍棋、撲克牌用具，更誇張的是附上一盤有瓜子、蜜餞、水果等茶點。在我還來不及回神時，服務員很親切地說，這些小食要我慢吃，不夠再拿而且免費供應，提供排隊等候時的「消遣」。在下棋、閒聊、泡茶、打牌的人群中，我幾乎以為自己到了北京的大雜院中，和一幫老人作無聊時打發時間，尋找閒嗑牙的樂趣。

「這不是火鍋店嗎？」當時我真得像個二楞子，還傻傻地跑到外面去，再確認一次招牌，我是不是走錯了？可是後來當我終於安心，心想，反正都是免費的，不如就安穩地坐下來，和大家一樣「閒嗑牙」等待時，聽到旁人說，為了享用這家火鍋店的美食，在我之前的五十幾號的號碼而等了五小時，那一刻，我了解甚麼是客戶服務和重視客戶價值！

姑且不論，為了用餐而必須等候這麼久的時間，但，這家店懂得以免費的餐點和娛樂，先滿足久候的客戶，試問，如果真得等了七、八個小時，你會生氣嗎？或許就是不吃罷了，但還是享受了餐廳所提供的免費服務，下次再提起這家火鍋店，可能除了難以置信外，顧客不會產生任何不滿的情緒。換句話說，這已經達到了顧客心理滿意的需求，也誠如我前面所談到的，經營客戶關係是一個「長期需要注重、培養的觀念」，以及培養「價值客戶忠誠度」的這件事，絕對是行銷過程中的重要關鍵。

所以，我們要知道每位業務行銷人員都要瞭解滿足客戶期望和需求的重要性。更關鍵的問題是，我們所提供的產品和服務，其實都是在協助客戶解決困擾的問題並增進生活品質。唯有建立正確的服務態度之後，才能進一步取得客戶的信任，進而創造績效。

發展篇

- 何謂客戶關係管理？
- 客戶關係管理的發展與應用
- 客戶關係管理的重要性

CRM

Customer Relationship Management

1 背景

在〈顧客關係管理之研究現況與趨勢〉（黃聯海、陳韻如，2004）一文中提到，以顧客導向的市場勢必是未來行銷趨勢，而良好之顧客關係管理（Customer Relationship Management, CRM）將有助於企業發展顧客導向的極有效之行銷策略，其價值在協助企業與客戶間建立起一對一的關係，強化企業於行銷、銷售及服務客戶的能力，以進行個人化的銷售活動，讓顧客融入銷售流程，增加其參與感，同時亦強化企業核心作業的競爭性，為企業創造利潤。ＣＲＭ之重要性是不容置疑的，因為沒有客戶，公司就失去了存在的價值。

《企業導入顧客關係管理（ＣＲＭ）決策之研究》（陳巧佩，2001）一文中也指出，一九八〇年代，許多企業以縮減營運成本和人事精簡而帶來許多盈餘，甚至某些股價因此一度屢創新高。到了一九九〇年初期，一些管理階層開始瞭解，這種管理方式的成功過於虛幻而不夠穩固，特別是當他們把眼光由縮減成本轉移到企業成長時，他們才驚覺到，在許多資深管理者仍熱中於企業瘦身之際，與客戶間的關係變得愈來愈生疏。

在這時候更令管理者感到擔憂的是，雖然公司在績效上持續不斷成長，但同時客戶也變得越來越精明與世故，讓企業變得更加不容易維繫與了解客戶的認同關係。因此，為了因應未來競爭激烈的市場變化，唯有與客戶建立長期的關係，才是未來致勝的法門。

顧客關係管理發展的前身，在一九八〇年代初期被稱之為「接觸管理」（Contact Management），專門收集顧客與公司間往來的所有資訊；至一九九〇年初期則演變成為包括電話服務中心（Call Center）與支援資料分析的顧客服務功能。顧客關係管理自一九九九年開始，由關係行銷（Relationship Marketing）慢慢延燒到ＣＲＭ客戶關係管理的議題，許多產業莫不積極探索吸取相關知識，導入企業的經營管理模式，以防在未來的商業競爭中，因忽略長期經營客戶的關係而被淘汰，學界也有愈來愈多相關的研究來關心企業在導入時考量的因素，也針對不同領域產業的提出大量的期刊研究報告。

隨著企業導入客戶關係管理觀念和做法，業務人員也應該很清楚的認知，你擁有的客戶群雖然不及企業的客戶資料庫，但是這些企業所在乎的客戶關係，絕大部分希望客戶引入更多的企業利潤所做的努力，也應該可以反應在業務人員的客戶經營裡，你不應只在乎績效數字，或只是單純把客戶服務好，在本書中更告訴你，業務人員就是企業，如何更進一步掌握客戶信任的深度？了解客戶經營時阻礙因素有那些？都是擁有大量客戶的企業和業務人員未來應該專注的重點。

客戶關係管理到底是什麼？

客戶關係管理一詞最早由美國 Gartner Group 提出，定義為一種商務戰略，即通過持續不斷地對企業經營理念、組織機構、業務過程的重組，實現以客戶為中心的自動化管理。當時最主要是應用在金融業、電信業和保險業上三個領域，同時，又結合銷售、行銷、客戶服務及支援等應用。範圍則主要涵蓋在三方面：

客戶服務：主要以保留舊有客戶、提高客戶滿意度為主。

客戶開發：著重在開發客戶所需要的產品，並分析客戶需要的時機。

客戶取得：主要協助企業尋求及發掘新客戶。

那時候，按照它字面上的意義，所謂客戶關係管理的意思，簡單說，就是和客戶保持良好的關係。再具體而言，就是做好客戶服務品質，加強客戶滿意度（Customer Satisfaction）、保持客戶忠誠度（Customer Loyalty）以及增加客戶未來信心度（Future Intension）。換言之，客戶關係管理就是一種新的作法，提供客戶優良的服務品質，其目的不外是為了更有效率地獲取、開發並留住企業最重要的資產——客戶。

我們應當要知道客戶主要的需求是什麼？最在乎什麼？並在和客戶接觸的過程中，針對個別的差異，提供和其需求一致的服務計劃。

一位美國行銷學者提出「要了解客戶關係管理的要素，首先就要從關係的本質去了解」，所謂的關係真正本質就是當事人對過去互動的記憶。對於客戶來說，他和業務員互動過程所產生的記憶，會在下一次的互動中被喚醒出來；如何在互動中產生良好的回憶，將決定互動的品質。

如果業務員每次和客戶對話，客戶都不記得過去互動的過程及內容，你會不會覺得很懊惱？甚至在記憶中，客戶會對業務員產生負面的印象或情緒？

請記住！「客戶關係管理的最大目標，就是創造一個一致性的客戶體驗。你和客戶的關係應該被視為是一個不會終止的對話。」（Simpson, 2002）

在客戶關係管理領域相當有名的ＮＣＲ安迅資訊系統公司認為，客戶關係管理是指「企業為了創造新客戶，鞏固、保有原來客戶，以及增進客戶利潤貢獻度，而不斷溝通、了解並影響客戶行為的方法。」

一九九九年 **Anil Bhatia** 這位學者點出未來關係行銷，是利用資訊軟體與相關科技的支援，以達到落實持續性關係行銷（**Relationship Marketing**），創造客戶價值的程序；配合資訊科技、創造客戶價值、強化客服流程改善等三要素的組合。如果以這個理論作基礎的話，客戶關係管理就可以解釋成以客戶想要的條件，找出各種方式來增加客戶關係價值的一種流程。

好了，到目前為止提到了很多理論，不外乎要告訴你，客戶關係管理的架構就是掌握新、舊客戶，追求更高價值和利益，這點和我們的銷售工作目的是不是一樣呢？

從前述所說的關係價值來說，我們可以從一個清楚的流程圖形（**見圖一－一**）中清

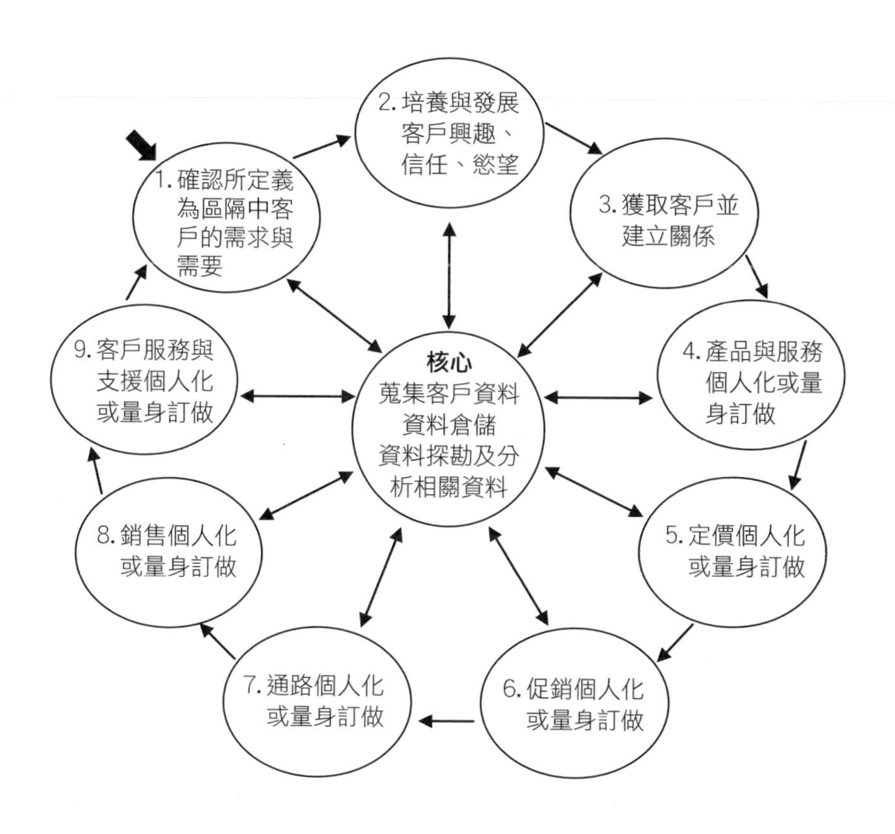

圖 1-1　以流程角度看客戶關係管理

資料來源：劉文良（2004）

楚看到環環相扣的關係，當然，透過這樣的流程分析，你也會對客戶關係管理有更進一步的認識，讓企業或個人對於客戶有更精確的掌握。

我現在來告訴各位，客戶關係管理以10C關係模式中來了解，當我們把客戶的檔案資料作得愈豐富，蒐集的資訊愈多，就愈有可能產生好的客戶知識；相同地，相關資訊作得愈多、愈豐富，就愈有可能產生精確的客戶區隔及客製化的服務。當然，這本書會慢慢告訴你，透過客戶資料的整理和服務過程，也會讓客戶對你的認同價值高，忠誠度客戶留住愈高、你也會享有客戶帶給你更高的利益。

現在，就讓我們來看看這10C關係吧！

1. Customer Profile（客戶描繪）

你對客戶整合性資訊的收集，包括年齡、性別、職業，消費心理特性（活動、興趣、意見、價值觀）、消費需求、消費行為模式、交易和拜訪紀錄等掌握多少？這些是客戶關係管理的基本要件，沒有客戶的基本檔案資料蒐集，在客戶關係管理中就什麼都無法掌握。

2. Customer Knowledge（客戶知識）

客戶的 Profile 蒐集得更清楚，就可以把客戶有關資訊做更深、更廣的轉換和分析，例如：客戶在什麼時候喜歡買哪些產品組合？客戶在多久時間最容易流失？價格對客戶的購買意願會有什麼樣的衝擊？客戶知識管理得愈好、愈深入，競爭對手愈難模仿就愈趕不上你。

3. Customer Segmentation（客戶區隔）

將客戶區分成有相似欲望及需求的族群；或是以客戶利益點來區分。如果不清楚了解區隔的特性，就無法精確的滿足區隔的需求。換言之，不清楚了解客戶所需的價值，就無法把資源投資在可獲益的客戶。正確來說，就是不要把重點經營放在貢獻度只有一元的一百萬個客戶上，而是要把重點放在貢獻一百萬的那一個客戶身上。

4. Customization（客戶化／客製化）

為單一客戶量身訂製符合其個別需求的商品，這是客戶關係管理中最關鍵的問題，千萬不可以忽視。

5. Customer Value（客戶價值）

客戶期望從特定商品中，能獲得利益的集合，例如產品價值、服務價值、友誼價值、品牌價值等。客戶價值＝利益／成本＝（功能性利益＋情感上利益）／（貨幣成本＋時間成本＋體力成本＋心力成本），而客戶關係管理的目的就是在提高客戶的利益價值，與降低其可能的成本。

6. Customer Satisfaction（客戶滿意度）

這是客戶對業務員提供商品與服務品質的期望與實際感受後，所產生的一種愉悅或失望的程度。沒有客戶滿意度就不可能有客戶關係、客戶忠誠度、客戶獲利率（根據研究，不滿意的客戶百分之九十以上不會再購）。

7. Customer Acquisition（客戶贏取）

尋找及發掘有潛力的優質消費者，並將其吸引、轉換成自己客戶的過程。也就是說，業務員要會選擇甚麼樣的客戶對你是有助益的？

8. Customer Retention（客戶維繫／留住）

留住原客戶並持續購買，或降低流失率是客戶關係管理中的重點。

9. Customer Loyalty（客戶忠誠度）

客戶對業務員的認同感、涉入程度、歸屬感、信任感的高低程度為客戶關係管理的最佳結果與目的；而主要的取決因素在於你對重要客戶付出的心力，及客戶本身的特質與你是否能看得對眼？

10. Customer Equity（客戶資產）

讓客戶能對未來持續對業務員做出利益的最大貢獻，沒有客戶帶給你最大利潤，再好的商品、服務都沒用，也要注意慢慢流失的客戶，表示過去你投入的時間、精力和金錢、努力都白費。

不管客戶關係管理怎麼定義？要去探索經營（客戶、時間、方法和服務）是否正確？這都是基於促進客戶關係，進而達到利潤極大化的目的。簡單來說，就是時刻要去滿足重要客戶想要的服務。

經營客戶關係的重要關鍵

客戶關係管理是藉由與客戶溝通的過程中，進一步了解並影響客戶的行為，以增加新客戶、留住舊客戶、增加客戶忠誠度與利潤貢獻度的管理方式。在這過程中，當然也可以進一步將其解釋為持續的關係行銷（Continuous Relationship Marketing），也就是客戶關係行銷。

在經營客戶的過程中，不管是客戶的關係、發展和維繫，我都會將它視為是一種長期性的活動；同時，透過資訊科技的輔助及服務定義上的改變，維持和客戶長期關係的經營，進一步強化忠誠度。

因此，找出最有效、最適當的客戶關係管理功能，來發展重要的接觸點及通路，以取得最適合的客戶和潛在客戶，常被視為客戶關係管理中的重要策略。並且，許多業務發展上便根據客戶、通路以及品牌作主要的分類及經營模式。

就業務人員的角度來看；訂定了客戶策略嗎？它就是根據既有的經營模式、使命和目標，找出想經營的客戶，例如，由哪個管道和途徑找到你的核心及具價值的客戶在哪裡？你的通路策略為何？選擇最合適、最有效率的方法途徑和客戶接觸；尋求自我的品牌價值，就是建立與客戶互動過程中，讓客戶唯你不行的認知信任價值。業務員或許對經營策略有輪廓，但是具體的想法並做落實的執行還需要深入的學習。

不管是根據哪種策略發展，最終目的都是在經營客戶關係。特別是近幾年來，客戶在多變的知識環境的行為需求與要求愈來愈高；在面對客戶時，我們必須發展出深度觀察客戶的洞察力，因此除了需要具備行銷能力，以取得分析客戶資料外，還要根據分析資料來推敲出客戶的行為，在彼此的互動關係中，掌握客戶，進而才能提供真正的需求，滿足客戶需求的產品及服務。

另方面，更要在和客戶維繫的關係中，透過彼此的互動，找出客戶更重要資訊的價值，並轉化對客戶內心需求的掌握，進一步提昇行銷品質。

客戶關係管理運作模式

另外值得注意的是，客戶關係管理的基本架構可因不同產業、不同業務人員、不同客戶群而出現差異，所以運用時，必須要特別留意這其中的差別。不過，學者 Winer 在二〇〇一年曾提出一個整合型客戶關係管理的模式（見圖一－二），其中包含七個基本運作的流程：「**客戶活動資料庫、資料庫分析、決定目標客戶群、爭取目標客戶建立關係、隱私權考量、衡量指標建立**」。在這樣一個基本流程中，可以掌握到客戶關係管理過程中的架構，即使產業別不同、客戶群不同、業務人員不同，都可以大致歸類在這一個流程中，便於行銷類型的區分，在之後的章節理會依照這個概念解說，讓

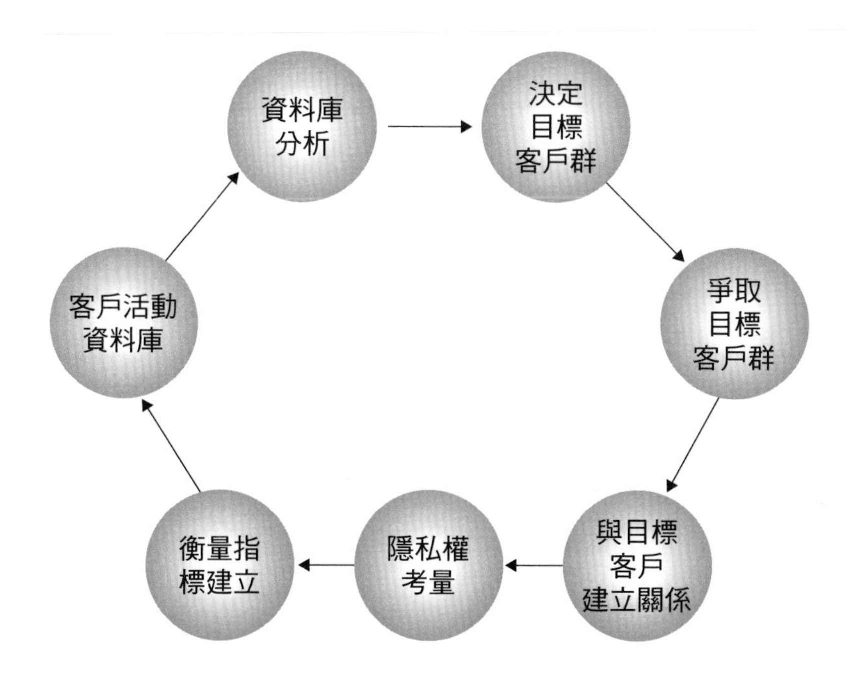

圖 1-2　Winer「客戶關係管理運作流程」

你在使用上更明白。

另外，美國麥肯錫公司（McKinsey）針對客戶關係管理，分成四個層次類別的行銷發展模式，他們認為是一種持續性的關係行銷：

層次一
大眾行銷
針對廣泛的客戶，寄送內容類似的大量郵件。
案例：
Home Depot
家得寶零售商

層次二
區隔行銷
瞄準特定客戶群，針對特定產品和服務寄發郵件。
案例：
AT&T、
美利堅航空

層次三
行為導向行銷
根據客戶主要行為的改變，推出目標明確的行銷活動，以掌握最大經濟效益。
案例：
讀者文摘、
Fingerhut 郵購

層次四
全方位 CRM 行銷
以多元通路、事件驅動及各種訊息接觸的做法，完全個人化地針對個別客戶進行事件行銷。
尚無企業
達此境界

圖 1-3　行銷發展的四個層次

在這樣一個簡單的區分中發現，現在企業所採用行銷的模式，其實就是與客戶經營息息相關，在不同層次有不同層次的行銷模式，但是在第四階段而言，每個企業希望做到真正的一對一關係行銷，但是麥肯錫公司認為沒有企業可以達到此境界，原因是這樣的結果，除了必須投入更大的人力與物力去建立資料庫外，企業體是無法建立與客戶長久的信任與忠誠關係，雖然目前金融業往這方向走，其中關鍵問題在於客戶資料庫的資源屬於企業資產，而不是業務人員資產，往往成功機率較少；業務人員因為和客戶建立良好關係能成功地影響客戶決策，也絕對是銷售過程中維繫關係最重要的一環。換句話說，業務員的高生產力有賴正確的「尋標」（prospecting），指的是將適當的配置銷售條件和拜訪時間給可產生高質量的客戶群，來達到有效的行銷過程。

5 客戶關係管理的技術面與策略面

目前，在所有的企業中，對導入客戶關係管理最積極的產業，包含證券、人壽、電信、資訊等；而研究過程中，由於現在結合客戶溝通管道及資料分析上的資訊技術進步，又可分別就技術面與策略面來看。

就技術面而言，就是利用資料庫技術，使企業可以透過蒐集客戶相關資料的過程中，予以大量轉換、載入、分析。然後，將這些資料加以預測和分析，以作為日後行銷策略制訂的參考，同時提高執行成功的機率，進而達到提高利潤及降低成本的目的。

就策略面而言，則是透過客戶分析，找出特定的消費行為、忠誠度、潛在消費群與對企業最有貢獻價值的客戶。然後，妥善分配組織的資源，並以不同產品、不同通路，滿足不同區隔客戶的個別需求，以致力於客戶滿意與客戶忠誠度的提升。

更重要的是，透過這樣的研究過程，獲取客戶關係管理的精髓，配合策略的改變，更動組織結構與作業流程，獲得員工與客戶的一致支持。如此一來，企業體才能有效率地因應客戶需求作調整，成為真正以客戶為中心的彈性組織。

影響企業導入客戶關係管理的因素

根據遠擎管理顧問公司的研究報告指出，當前客戶關係管理在台灣最廣泛運用以產業區分是銀行業，其次是電訊、航空、保險與證券業，之後則是資訊業、其他服務業與消費性產品。而企業是否導入客戶關係管理的決策以及應用，主要有以下幾個影響因素（陳巧佩，2001）：

1. 國際化程度越高，面對來自全球同業的競爭就會愈激烈，就會愈積極導入客戶關係管理。

台灣是出口導向國家，企業不斷面對本土同業競爭，更重要是來自全球，規模更大、技術更先進的競爭者，所提供的客戶服務也變成來自世界各地，客戶關係管理的重要性益形增加，難度也變得更高。

2. 企業希望降低客戶的轉換成本就越積極導入客戶關係管理，期望以良好的管理來提高服務的附加價值，以減少客戶的流動。

例如行動電話業者常與手機業者搭配做聯合促銷，推出多種針對不同客戶族群的月租費方案。

台灣市場喜歡追求流行，消費者常為了能以低價購買手機而再申請新的門號，於是一個人擁有兩個以上門號的情形也所在多有，客戶轉換成本很低，流動性也大。許多電信業者因此必須透過各種加值服務，來提高客戶的轉換成本，減少客戶的流動率。

當產業的價格競爭越激烈，導致消費者的轉換成本越低時，企業所應著重的方向便需轉為提供更多的加值服務。因此，現在努力推行客戶關係管理的目的便是能夠針對不同的客戶，提供客製化的加值服務，以減少客戶的流動。

3. 組織規模愈大，或為集團企業的一份子，為求導入的範疇經濟與規模經濟，就愈會積極採用客戶關係管理。

舉例，台灣某資訊產業集團在全球四十幾個國家有超過二百家公司，數萬名員工，事業體包括以個人電腦、主機板、週邊設備、IC設計、通訊產品、網際網路、資訊家電與軟體為主的設計、研展、製造、行銷與服務。旗下分為研製服務、品牌營運事業、經營暨投資管理事業、轉投資事業等。該公司有全球客戶服務的單一對外窗口，有上百位提供客戶關係管理的技術與人員服務。

一般來說，集團型態的企業都很積極地從事客戶關係管理的導入工作，因為集團型態總部或母公司可以針對客戶資源的交叉運用，作統一的規劃運用，來提供各分公司足夠的資源和資訊共享，達到導入的規模經濟與範疇經濟。

4. 當產品越趨向於無形化，企業愈傾向積極採用客戶關係管理，以服務的提供來造成與競爭者的差異化。

不管是金融服務業的證券交易、人壽保險、電信服務、或者是網際網路接取及上網交易內容服務，他們販賣的其實是信用類型的無形產品，在競爭越來越激烈的市場上，除了提供商品差異化外，相對地更在各地成立客戶服務中心來直接面對消費者服務，原因是將服務形態化，除了建立企業形象，以提高客戶的信賴感，也有助益於虛擬通路的推廣。

5. 導入客戶關係管理造成的組織工作流程改變越大，越需要高階領導者的堅持與參與，以降低公司內的阻礙。

在壽險公司裡成立客戶服務管理中心，作業流程上最大的改變就是由功能導向的組織改變為流程導向的組織。過去理賠、收費管理及保戶服務等單位平行而立，職權劃分得非常清楚，客戶服務管理中心為窗口，由這些行政系統的單位調派人力支援客戶服務管理中心，成為專責的後勤支援單位，對客戶提供一對一的服務。

對客戶服務管理部門的員工而言，每天要面對更多與客戶的直接接觸，工作負擔增加、壓力值較大，專業必須持續提升，隨時要做幅度調整的作業流程改變，除了改善薪酬制度外，由上而下的領導者扮演與其他部門間的協調工作角色就非常重要。

6. 導入客戶關係管理牽涉到的部門越多，造成的組織架構變動程度就會越大，越需跨部門的專案小組統籌，協調各單位的需求與資源。

也有資訊業者推動客戶關係管理成立了專案室，統合業務、產品、行銷、生產、會計、服務、後勤支援等部門，作全球各分公司的專案計畫，這是一個專案性質例子。

7. 企業對導入客戶關係管理的態度愈傾向於採取長期性的策略時，愈會比較注重在服務的提供，因此對現階段的成本效益評估就無法嚴格要求。

以證券業為例，景氣的循環對於業務量的影響十分明顯，因此客戶關係管理的導入是著重在滿足對客戶提供更貼心的服務，增加客戶的滿意度，使企業與客戶之間的關係更為緊密。

一般來說，在企業裡若要導入客戶關係管理系統，投入的金額相對龐大且耗時較久，這部分的發展技術演進快速，就必須考慮分階段實施。如果要完整導入則耗時甚久，較無法做到精準的成本效益評估。

8. 愈具長期規劃的企業，愈重視系統的開放性程度，完全委外建置的程度愈低；而是傾向與系統商共同開發，但又不會完全依賴系統商。

企業一般認為客戶關係管理的定位，是達到資料庫管理的完備且能延伸行銷的功能，所以對於系統公司的評選標準，是否能滿足企業體的要求？同時，也能提供成熟的發展技術支援客服中心，重要的是彼此配合，建立和業者夥伴的關係。

9. 當各家系統都沒有針對各產業的解決方案時，也沒有最佳建置經驗，外購的系統都必定要再經過客製化，而公司必須投入相當多的心力時，就容易形成企業導入意願的阻礙。

企業也認為系統公司並不瞭解在業內領域的專業知識，若採用任何一家廠商的系統，公司本身還是要投入大筆心力去配合和修改，即使作出一些成果，還要花費大筆成本維護，最好要靠自己設計與研發；也認為專業顧問提供資訊可能不適用相關的客戶關係管理方面的資源，所以大部分企業認定外部系統導入對企業體有很大風險，更不值得去引進。

7 資料庫在客戶關係管理中的角色

不管是企業還是個人，資料的蒐集、整合運用，都是客戶關係管理中很重要的一環。在這過程中，尤其重要的是，資料的分析、整理與運用，除了分類，還根據不同客戶群體特性建立屬性變數。

當新客戶進入資料庫時，可以前述的過程加以判定並分類為群聚、分群的功能，再將集合群體分組的過程，找出群與群間的不同，以及同一群內各個體的相似點；也會對客戶在購買某特定商品或服務前、後，進行某特定的消費行為聯合性分析，在一連串的資訊分析後，企業會得到對企業體有幫助的資訊儲存在資料庫中。

所以，企業若透過查詢分類處理工具及決策系統，就可以很快地從這些資料庫中，獲得即時且動態的高價值資訊，並且根據這些資訊可作為提升決策者做出判斷決策的重要依據。

客戶關係管理技術的導入與應用，有以下四個關鍵成功因素：

整合內部的資訊

若資料能夠連線查詢，確認客戶身份之後，就可以在最即時的時間內提供客戶解決方法。如此有效率的客戶服務，快速回應客戶的問題，才可使客戶的信任度增加，成為滿意級客戶，並有機會促使成為忠誠度的客戶。

設立溝通的管道

增加與客戶溝通的管道，除了傳統的郵件、電話外，還可利用如互動式語音回應系統ＩＶＲ（Interactive Voice Response）系統、e-mail及web、增加客服中心（Call Center）等與客戶接觸的層面。

支援策略的執行

具有客戶與商品規模的企業一定會有龐大的資料庫，但分散而大量的資料是沒有幫助，需經過整合與分析的資料才對企業有獲益，更必須讓決策主管掌握到重要而有效的市場資訊並下對決策，才是客戶關係管理最大價值所在。

處理變革的抗拒

導入客戶關係管理系統和決策模式管理變革前，要和員工做好良好的願景溝通及共享願景。還要對於公司做好客戶關係管理模式而成長的績效，給予員工鼓勵，並把「以客為尊」的做法及與客戶互動的新模式，融入企業的文化中。

8 學習客戶關係管理的重要性

從前述的理論提了許多，你會不會覺得疑惑？甚至是抱怨道，我只是要瞭解業務銷售的要訣，掌握如何賣商品、賣服務的關鍵性問題，為什麼要了解這麼多其中許多看起來很嚴肅的專業知識和課題呢？

事實上，客戶關係管理在企業管理當中，是近二十年來新的理論發展，原本即是探討企業運用客戶關係管理相關的支援系統，去了解客戶對企業或商品帶來的滿意度，並從中討論實際使用的情形，所產生的差異性以及核心問題，是否獲得解決？了解原因背景後並從關係行銷的運用角度來看，企業、業務員與客戶之間的產生甚麼關係連結？譬如，業務員要如何篩選出重要核心客戶？並如何維持長期良好關係創造出忠的客戶？**最重要的是，在你遇到瓶頸時，可以從中探究、尋找、獲得你繼續奮鬥的動力！**

另方面，這本書意義在於讓業務員了解客戶關係管理，讓企業思考提供適合的教育訓練，以及企業運用在改進系統需求上的參考。

不過，我也必須提醒，不同類型的產業，所運用的客戶關係管理方式會有所不同，不同個人背景因素的業務人員，對於客戶關係管理的資料庫使用程度、分類管理使用績效，以及管理績效的實證滿意度也會有顯著的差異。

所以我在工作上投入大量的時間與精神，去檢驗業務員運用客戶關係管理的技術，並經過客戶與業務員間的問卷研究調查，做出具體的教育訓練和教材，希望提供業務人員靈活運用的範本參考。

但在這裡，我還是要再次強調，業務是經營人的事業，銷售人員不但是契約簽訂的關鍵人物，也是得以繼續維持客戶關係的重要影響人。換句話說，在許多的行銷行為上，早已確認，良好的人際互動只是提升客戶滿意度的基本要求。

請謹記！在客戶關係管理所提到的資料庫、資料庫分析等理論，要告訴你的就是，相同的產品、相同的客戶，由不同的業務員來銷售，客戶所感受到的滿意一定會有所不同。事實上，認知客戶關係管理，會使得業務員在控制著未來行銷活動和服務的品質有一定的價值。

觀念篇

- 與客戶互動前的心態準備
- 應用在行銷、銷售、服務的客戶關係
- 如何使用資訊科技來建立客戶資料

CRM

Customer Relationship Management

我們在了解理論的架構和過程後，首先要釐清關於客戶關係管理中所牽涉到的範圍，應該是包含行銷、銷售、服務等全方位的整合過程。

換句話說，除了需要隨時注意服務流程外，更應藉助各項資訊系統與相關銷售行為，在服務客戶的過程中，累積可獲利的能量，以便主動積極找尋商機，「適時」、「適量」、「適切」的提供核心客戶個人化產品，以進一步提高個人業務規模，達到最重要的獲利目標。

這樣的話說起來簡單，做起來，卻是一連串繁複的過程。就企業執行這套客戶關係管理理論架構與實務上已具成熟，但是運用在業務員上卻是很大的挑戰，當然，企業希望透過客戶資料庫建立和探勘、分析等找出有價值客戶提升再購利潤，業務員也可運用客戶關係管理相關技術創造高績效，亦有異曲同工之妙。

締造個人事業的高峰必須要付出努力，更不用說碰到的困難有多少？這本書若能引發你對經營客戶的某些想法，我相信除了前一本書《333銷售心法》給你在銷售的創新思維，或是這本書給你在專注客戶的經營事業理念下，都希望你能擁有正確的生活態度，健康的人生觀，來支持你一路堅持的理想邁進。

面對客戶前應具備的人生態度和觀念

人的一生應該做好充足的準備，才能快樂面對未來的人生！

大多數的業務員常常因為工作績效而感到生活不幸福和壓力不適感，也常常感嘆必須要囫圇吞棗的大量消化商品的多元化資訊，也因為資訊快速揭露面臨同業無情競爭，最後為了績效搶客戶、退佣、做更多的客戶服務等等，收入降低而成本增加導致身心俱疲……

你有沒有想過，學再多的銷售技巧讓客戶買單成交，客戶的再購或信任、滿意度有隨之增加嗎？如果你的答案含糊不定或是搖頭否定，那麼你必須思考工作本質在健康、飲食、工作、生活各種作息帶來甚麼價值？你才能好好去想，你能夠帶給客戶甚麼價值？

我希望帶給你在翻閱此書時，思考到工作績效目的不在成交這件事，而是好好回想你對客戶做了甚麼？了解客戶嗎？客戶對你交心、對你信任嗎？客戶拒絕真正的理由是甚麼？客戶為什麼要介紹好朋友給你？客戶為什麼還要再買？建議你好好檢視現在的生活、工作、家庭：在感到渾渾噩噩的日子或混亂心緒時，靜下來，聽著輕柔的音樂、放慢呼吸，放鬆地靜坐沉思：

你是誰？生活所追求的是什麼？

生命中最重要的什麼？最在乎的是什麼？

你的生活中是否把握住每一個與你相知相識的人？

有沒有常常去關心你生活中的每一個家人？朋友？同事？

你是不是常常埋怨生活？你臉上的線條是硬梆梆的還是柔和動人的？

你有沒有付出你的愛？還是只想接收？

有沒有擁抱生命中每個重要的人，並向他們表達我們的感激與愛？
有沒有去謝謝每個身邊所及的人和每一個在你生命中留下足跡的人？
我們該親切地向經過身邊的人說：你好嗎？
你是真的愛你的工作還是只是為五斗米折腰？怎樣過得快樂又幸福？
如果這些問題，你都好好想過了，再回頭仔細思索一下你的客戶是否和你一樣？

經營好自己！

你能明確而清楚地找到自己的定位（想要的）嗎？有方法嗎？有持續努力的計劃？客戶了解你能給他商品的意義和價值所在嗎？你所追求的人生價值實現，可否落實在你對客戶的工作和生活之中？

你是否能不斷提醒自己：你要選擇什麼樣的態度來面對生活和工作的挫折？

你是否明白自己應該為自己生命中最重要的人，做好哪些準備？是否清楚自己渴望實現的夢想是什麼？

透過怎樣的計劃（含細節、工作時程和自我約制）才能確保自己的夢想和渴望可以實現？

除了現有的經驗、能力、專長，是否還有需要認真去學習的技能與專業？

這些一連串的問題若不能反思或是經營自己，那麼你要用甚麼態度去了解客戶並且去處理客戶的疑問？你要站在甚麼角度協助客戶解決他的擔心？以下「決定你可否更成功」想法提供你參考。

決定你可否更成功？

誠實面對自己在工作的立場、找到能扮演好自己的角色。

讓自己不論在工作和生活之中，都儘可能地實現（發揮）自己所期許的價值。怎樣的態度可以了無遺憾。

除了要清楚自己為自己、所愛的人（生命中最重要的人）所做的準備和規劃，時時審視你的作為對於快樂、幸福的擁有是正面的嗎?還是背道而馳?

讓自己的夢想和渴望早日實現的計劃(含細節、工作時程和自我約制)進展如何呢?

除了現有的經驗、能力、專長,是否還有需要認真去學習的技能與專業?(切記學習是讓優秀成為卓越的不二法門)

下定決心,就開始行動!

我希望讓你了解為什麼必須要思考並實踐這些事,才能不斷給我們勇氣、信念和堅持,明白去做的動機和意義,也產生熱情。也要讓你知道你所想要的是甚麼,才能去尋找和獲得;如果不了解自己的目標、願望和才能,就不可能掙脫束縛。

誠實地去檢視自己到底有甚麼能力,永遠不要欺騙自己,如果沒能力就沒能力,不要用藉口來掩飾;你應該不斷地超越自己,不斷地學習和成長,因為停止學習意味著你把自己留在現在而拒絕未來。不要事事以追求金錢為目的,而是金錢能否帶給你幸福、滿足、和諧，才是讓生活有尊嚴和有意義的必須過程。

經歷挫折時，該想想挫折代表結束還是開始？不要把自己所遭遇到的問題當作不成功的理由和藉口，也不該自艾自憐的生活，更別祈求從別人那裡得到同情和尋求協助。其實，只有在找不到轉機，才是最嚴重和黑暗的事。

所有在生活中產生的風險就是一種可以測知的未來，也為成功帶來機會。因為風險讓窮人和芸芸眾生失去勇氣、也讓絕大多數的人祈求運氣而避免風險或不做什麼；但是卻為富人和成功者帶來機會和新出路，所以面對和應付風險遠勝過避免風險。

體會真正的生活、深沉的愛、充滿熱情的學習和終身成就的事業，使生活有熱情、喜悅和意義。你生命的願景（幫助別人、協助病人和陪伴瀕臨死亡的人）會帶出有意義的生活；為比自己生命更重要的事而努力，更勝一切。

成功的人並不是做了多麼特別的好事；而是做好了許多應該而簡單的事。若能在小地方竭盡所能而為大事做好準備，就能成功。

你今天付出多少，將決定明天你的收入。

2 面對客戶的想法

很多時候，我們在面對生活時，都會為了錢而煩心，覺得應該準備的事和需要的錢很多，包括有家庭生活和奉養父母的錢、撫養和教育子女的錢、自己創業成家的錢、自己購車、購屋、一些想要擁有或滿足等等的錢，還有家庭（自己及家人）醫療保健的錢、自己退休後想過的日子所需要的錢、最想要對社會／生活周遭做出奉獻的錢、想留給家人或孩子以後可用的錢。

以這樣的思維，你想，面對客戶時，他在想什麼？他在擔心什麼？和你一樣嗎？如果是，你該怎麼作？

常常聽到許多業務員這麼說：「我們要讓客戶了解，不同的人生階段和需求時，要找出適合的商品滿足需求。」「什麼樣的客戶會需要（××商品和服務），因為（×××），而只有我能夠以（獨特的×××）來滿足其需求。」「什麼樣的客戶會參加（×××）的活動，因為（×××），而只有我能夠以（獨特的×××）來滿足其需求。」問題是，客戶了解需求嗎？所謂的需求是多少價錢？買了之後的用途是甚麼？這麼簡單的概念，似乎沒有找到需求的意義到底為何？

若你進一步表示，就是「中高收入的客戶會想購買，是因為……；生活品質欠佳的族群會想，是因為……；兒女長大的銀髮族會想，是因為……。」若以這樣的想法面對客戶，也只是接觸到客戶關係管理表面而已。我想表達的是，發掘客戶的需求是需要花時間經營客戶的信任感，才會知道真正的需求是甚麼？而「需求」這兩字，我必須下個適切的定義是「內心感受被滿足」，怎麼知道客戶的內心想甚麼？最常被感受、感動的是甚麼？要滿足甚麼？你要好好面對客戶真正內心的想法，最後當然就能精準地提供商品或服務。

新競爭時代的消費族群特性

在競爭激烈、客戶的主權意識高漲的時代裡，面對現今網路資訊取得容易，進而媒體的推波助瀾下，使得消費者對業務人員的說辭不易輕信，所以新一代消費者在環境的善變、求變的需求外，還需迎戰眾多潛藏，也就是「看不見」的競爭對手，譬如運用模仿、創新、低價和更多服務等等手法，並利用各種時機掠奪你既有的地盤和客戶，不管是個人，或是企業再如何努力，還是很難讓所有的人能夠有百分百的滿意。

在面臨品質和價格的差異縮小到已幾近於相同的時候，客戶需求和生產供應的生活鏈中，供需雙方都嘗試體會彼此的價值，客戶的需求可以得到充分的滿足之際，也讓供應者得到利益的滿足。「客製化服務」就是最主要關鍵的要素。因為這是一種面對不同客戶個人特質、展現企業的文化和願景，呈獻出我們對客戶創造價值的堅持和執著，這因素是競爭對手最難模仿的了。

若行銷人員在與客戶交易的互動過程中，除了能夠透過輕鬆、愉悅的語言與氣氛外，更應了解客戶在意的感受並喚醒出對方積極的思考，進而營造出滿足和快樂的共識，我們將會更有創造力地去解決問題讓客戶滿意。

目前社會上人人似乎瀰漫著競相追逐金錢、地位和權力的慾望，但追究心理的最終目的往往只是為了得到肯定、認同和尊重。如果我們能以敏銳的感知、高度的ＥＱ，和良好的互動技巧，發揮同理心，以及專業和經驗的配合，來對待客戶，使他們得到肯定和尊重，客戶就會用最直接的方式來回饋，這樣的經營模式也是本書傳達的目的，你若因此創造出令人稱羡的卓越成就也就不足為奇了。

新消費者族群有下列的特性

在許多的研究報告和資訊揭露指出，目前社會結構下，現代人常常希望就目前的需求資訊求助於網路搜尋、或只是探詢身邊幾個朋友、或是對資訊了解不夠充分等等就驟下判斷，這樣習性常常表現出以下的特性：

1. 常常覺得沒有時間或時間不夠用，常會產生時間急迫感，因為：

✰感覺要做的事情太多、太久，專注力不足。譬如因為臉書要打卡上傳、又要 Line 交談，導致想做的事更多。

✰商品發展迅速，為強化競爭，所以加緊趕工以求比別人快一些。

✰職場競爭力加劇，需要更早完成、更早到、更晚走、做更多一點。

✰可用時間變少，無休閒、缺睡眠、壓力大、時間不夠。

2. 常常會有失焦或是注意力無法集中的情況，是因為：

✰須全力投入，反而無法在意時間，在意時間又無法專注投入。

✰時間常常被特殊事件瓜分，所以其他的事就因趕時間而匆忙帶過，或是常因為雜務太多，而心不在焉。

✰休閒、休息時間都被分割運用而造成精神、體力不繼，注意力也無法集中。

✰煩惱、憂心忡忡而造成惡性循環，更分心了。

3. 由於沒有太多時間去徹底了解產品和服務，所以也較缺乏安全感，因為需要：

✰講究親身感受（即自己的真實感覺）：產品要有原創性、可靠性、產品的出處和來源（典故）和與……的關聯性。

✰講究能信任（自在、安全不受驚嚇、可放鬆）的情境。

✰可參與性的（讓他試看看、用看看、感覺看看）。

注意新消費者的要求

☆快速省時（方便好用）。
☆實體口碑（來自客戶推薦、網路比較）。
☆比較性（保證、用心）。
☆實際感受（試看看、用看看、感覺一下的感受行銷）。
☆共同議題（某一族群、健康、故事性）。

總之，因為新消費者在緊張的環境有這樣的表徵特性，大都因為無法在心理聚焦而呈現缺乏安全感現象，所以大多的實體族群以口碑傳播和商品比較心態作快速的消費決定，是因為當所謂的專家幫消費者做了精闢分析，消費者會擷取他選擇的資訊來做判斷，而這判斷不是消費者沒有主見，而是擔心自己的意見是非主流意見，可能在同儕中引發排擠效應。

也傾向信任其所認同像是流行和趨勢的消費行家的專家所說的話，這些人都對消費者有著決定性的關鍵評價、還有經驗豐富的專業工作人員、專家學者，以及像是死忠派愛用者的狂熱型達人，或是名人型的代言人，例如化妝品部落客的專欄、老虎伍茲所代言的高爾夫球具等等。另外，新消費群群也無法忍受說謊、拖延、失誤，因為他們覺得群體受欺騙而失去忠誠度，例如智慧型手機品牌常會有此現象，且常因為自身利益、趣味，甚至是使用功能多寡和簡便性與否因素而變心。

行銷是把美好帶給客戶

行銷訴求演進：功能↓價格↓品質↓服務↓價值

從人類開始有經濟活動以來，不論是歷經了「以物易物」、「以物易幣」、「以幣購物」、「以多易少」、「以少易多」等的過程，除了巧取豪奪的方式以外，都遵守著等值、合意、滿足的基本要求，所有經濟活動也都在追求符合需要的價值創造和令人滿意滿足的商品或服（勞）務，然後獲得金錢或利益，在施和受、給和得、買和賣之中尋求平衡、公道、互惠，還有尊重、肯定、認同。因此，在銷售銷過程中，你必須具備正確的態度、良好的觀念，才能在面對客戶時，提供精準的商品和服務。

行銷技術&方法：廣宣↓關係↓口碑↓量身訂製

在行銷技術和方法的推演中，你已準備了多少？

- 你是否充分熟悉商品的功能與意義、售後服務內容及優勢價值？
- 你是否了解如何充分發揮商品的價值來讓客戶的期望實現？客戶是否了解商品的本質和價值？
- 該如何站在客戶立場規劃，才能讓期望價值能透過商品的功能與意義充分發揮？
- 在客戶消費後，用什麼來評估我們的價值和可信度？

目標：把美好的事物帶到人們的生活當中

- 你是否確定可以透過自己對工作價值的發揮，讓客戶體現生活可以變得更美好？客戶所能接受商品價格會隨著購買感受價值的高低而有所不同？
- 滿足客戶所在乎事物的考量，並對可能發生的問題模擬事先準備、預做防範？
- 在銷售過程中，業務人員的態度和表現如何？及不可預知的事件發生，業務人員的處理態度和積極程度如何？
- 整體提供的規劃建議與客戶的期待是否相符？並且評估是否把美好的商品價值帶給客戶？

5 建立忠誠客戶的重要性

由前述所說，客戶所需要的是感知與商品價值感受，但是目前針對業務人員所提供的訓練，往往只是強調專業知識傳遞與銷售技巧。可惜的是，業務人員對客戶的經營意識，缺乏感性的傳遞想法和經營理念，還停留在被動的客戶服務與專業的傳遞。

事實上，以目前金融業所提供的客戶關係管理系統運用來說，是將資訊科技、行銷商品與客戶服務等加以整合；如何把業務人員與客戶的關係經營，提供客戶量身訂製的服務外，提升客戶的忠誠度，並做到客戶感知的服務品質，是企業經營可思考方向的課題。

現階段有些企業認為，唯有不斷創造新客戶才能繼續維持公司營運利潤發展。我曾對某在地食品業家族企業擔任顧問訓練時提到，從獲取到新客戶後，不要只是以商品連結，做所謂服務資訊提供者的角色，而是需要更深一層了解舊有客戶產生商品和服務外的互動，例如協助客戶降低成本，產生夥伴關係等等。

換句話說，在開發新客戶的思維之外，**如何創造忠誠度客戶並轉介紹新客戶，這是客戶關係管理理論與實務十分重要的關鍵因素**。不過，必須要弄清楚的是，這個關鍵因素是客戶自許想發揮影響力；而客戶關係管理的效益也是從這部分開始產生。如何讓客戶在使用過後不但繼續使用，而且會推薦他人；企業或是業務人員可以思考的是，若讓使用者平均推薦一位使用，績效倍數成長是指日可待，這也就是培養忠誠客戶重要原因。

服務躍升為決勝關鍵

在競爭激烈、消費者的主權意識高張的時代裡，所謂的差異化商品在品質和價格上，在相類似的市場裡已經日漸縮小範圍時，服務相關議題已躍升為經營成敗的關鍵因素。因此，在現今的世界潮流趨勢下，「服務」已是企業文化和願景所在，呈獻出企業對客戶的堅持和價值，也成了目前對手最難模仿的領域。

我們往往把客戶關係管理界定在提供客訴處理的效益指標；所謂服務，是講究在和客戶互動的每一個細節中，都投入極大的心力，而不單是客訴的問題處理；追求客戶服務滿意度和忠誠度指標，卻是企業和業務人員必須要正視滿足客戶在「預期心態中所獲得心理需求」的核心問題。

所以在追求滿意度之前，企業或業務人員更應留意抱怨所導致的客訴，根據調查統計，在「客訴處理和再購買率」的項目中，當人們遭受到不良待遇時，約有百分之九十六的人雖不反應，但卻有百分之八十七左右的人會向九位旁人抱怨，而百分之十三的人會持續向二十位以上的人抱怨。也就是說，平均每位不滿意的人就會向十一位以上的人作負面的宣傳。更令人驚慌的是，一項錯誤和不滿必須用十二項正面印象，才能彌補。尤其在網路的時代裡，例如在部落格、社群媒體和留言板等，這種負面的傳播更為迅速。

所以，我們除了必須要重視那些願意反應和投訴的客戶之外，更應主動、積極地接觸客戶，挖掘問題，以消弭日後可能產生的嚴重影響。

有關客訴處理的相關數據：

1. 投訴後得到處理者，有百分之九十五的人會再來惠顧。
2. 投訴的問題雖大又麻煩，但得到快速處理者，百分之八十的人會再來惠顧。

3. 投訴的問題雖獲處理，但速度緩慢者，百分之七十的人會再來惠顧。
4. 投訴的問題雖然不大，但不予處理者，百分之六十的人不會再惠顧。
5. 投訴的問題嚴重又未予處理者，百分之八十五的人不會再惠顧。

事實上，不管是客訴處理，或是參考滿意度調查，對企業來說，還必須注意到除了產品、服務本身外，還有企業內相關的生產設備整潔程度和人員的態度、用語等，都是不可不慎，業務人員也應該留意自身對專業問題的解答、處理問題的即時性、購買前後的服務態度來作為調整服務的方式。

7 成為客戶心目中的專家

在學習客戶關係管理的過程中，最重要的是，透過認識自己的銷售優勢，成為日後發展成功模式的優點，並能隨時發現與發掘人際關係的運用、發展行銷創意的根基、隨時認知客戶的再購心態與分享熱情的人性、善用任何機會與多管道關係、找尋銷售的基本生存模型、提昇銷售技巧與發展專業行銷、成為客戶心目中的專家並讓人獲益與獲利。

事實上，客戶關係管理的行銷核心就是商品、價值、信任，重視與客戶的接觸，試圖了解客戶心中在意的價值。換句話說，只要能了解客戶的感受、運用尊重、關懷和同理心，用心經營客戶的需求進而產生信任；同時，確實了解商品取代的人生價值，提供需求的引導和解決，發揮商品價值；並發揮口碑和關係的影響力，成就客戶對你的信任，成為客戶心目中的專家，就是客戶關係管理的實際應用者。

業務人員在實踐客戶關係管理過程中，必須要謹記幾項要點：

避免單打獨鬥、無法聚焦式的隨緣市場開發

要建立與客戶之間的二度信任關係才能培養忠誠型客戶

積極留意和培養真正的核心客戶群

注意轉介紹的迷思。即使是未成交的客戶也能介紹

注意客戶再購買的深度與人脈經營的廣度

遇到任何銷售挫折時，隨時記取回到工作原點的熱情

隨時謹記，重新列名單，作好訪談前的規劃

經營顧客過程所累積產生的價值，包含了兩部分；客戶的價值和客戶的成本。客戶

價值指的是商品、服務、個人與形象等；客戶成本指的是金錢、時間、精力和心理，如何持續提升客戶價值與降低客戶成本，唯有確實掌握、瞭解之間的關聯性，才能讓自己成為客戶心目中真正的專家。

8 善用資料庫滿足客戶最根本的人性需求

經營客戶關係管理所隱含滿足客戶購買價值，並不是全新的概念。以往在資訊科技不發達的時代，企業也利用各種方法和客戶建立良好的互動關係，以達到互動的關係行銷。近年，隨著資訊科技發展的日新月異，客戶關係管理的手法才跟著翻新，並利用資料庫的建立，加強對客戶的了解，與客戶建立長久互動的關係，形成所謂的資料庫行銷。

為了徹底落實，一定要先學習建立資料庫，並掌握資料庫的應用方法，這也是學習客戶關係管理過程中最關鍵性的兩大重點。

績效之所以能不斷地成長，是因為客戶不同的需求不斷被滿足，建立資料庫不單純是提供行銷依據，更是在蒐集需求問題得到充分了解分析。當客戶感受到熱忱又親切地了解被關懷、照顧和尊重時，必然以訂單、口碑和忠誠度來做為回報。

或許有人會認為親切、真誠、同理心、專業又不是什麼了不起的學問？但是所屬企業員工若能夠發揮其親切、真誠、同理心、專業的氣質，有致一同地和公司同心，去面對客戶，則是必須有來自於公司的善待和員工的自覺，才能對客戶做到真誠又親切地對待。殊不知，這種存在你我之間最自然的互動態度，才是最高竿的行銷技巧。

有智慧的企業會具體地善待員工、啟發員工自覺，然後再激發員工能夠以誠懇的態度，有智慧的業務員也會將心比心，用同理心善待客戶、善待消費者。這些作為是以理性思維，也就是提供適合商品、功能和價格，和感性的思維，如信任、關懷、互動、尊重等為關鍵主體，當然還特別講究同理心的態度。換句話說，就是要集合各項優勢於行銷之中，以滿足人性最根本的需求為最終要求，滿足客戶價值以使行銷工作得以圓滿順利、推行。

9 調整步伐、改變思維

個人所應具備的條件

在競爭的市場中，我們需要具備的條件有很多，包括專業的理財能力，尤其是在金融市場內的理財商品，例如關於投資類型商品的部分，必須精確掌握商品設計的趨勢與結構。因為在未來的理財市場中，費用結構與連接產品會更多樣化，債券商品會因為利率調升因素淡出市場，股票投資類型則會因為利率上揚而產生另一波的商機，至於壽險附約產品會因產險業者的加入，而產生費用競爭的問題。

此外，還要有差異化產品及組織化的能力，金融商品的專業知識要充足，對此也要具備基礎性的了解，關於全球經濟環境變化、商品組合與解決能力等，都是現代銷售過程中，必須注意的重要課題。

同時，對於市場的概念要明確，要維持既有的客戶，也需具有轉介與開發客源的能力，而客戶的分類更需明確；在銷售技巧上，可提升至財務顧問的角色，銷售步驟則必須清楚而不紊亂，並建立簡單明瞭的服務系統。

面對潮流，需注意整個市場的變化

業務人員的銷售市場：

如果利率有上揚的趨勢，銀行的競爭威脅會稍微減輕；利率上揚會讓擁有大量績效的金融機構會因成本墊高，而降低獲利，促使商品多元化出現，那麼業務員就有更多商機。如果經濟不景氣，客戶則會產生兩極化發展，業務員會因為消費市場區隔，呈現高低購買金額的分類客戶市場；另方面，從事銷售保險的金融業務人員會因為保險公司成本墊高，佣金率降低。

專業的素養及看人的眼光

一般來說，各個領域所呈現的專家、顧問，都有其專業領域的專研研究；例如，保險業業務人員的養成步驟是壽險顧問、家庭理財顧問、財務顧問及獨立財務顧問，而在銀行銷售系統中，則是行員、理財專員、貴賓理財顧問、私人銀行財務顧問。兩大領域經營的共通點則是要有市場、差異化產品及組織化的能力、財務規劃的基礎能力、具備稅法、信託、資產規劃、資產移轉等的專業知識，並且要能成為客戶心目中的專家。

另外，還要有財務計算機的運用了解、現金流量的專業知識、具有分析與整合的能力，以及稅法、信託、資產規劃、資產移轉的專業知識，包括對遺贈、信託、民法相關法令的了解，並且能多了解相關的實務與判例，參與幫客戶提問與建議相關問題。

專業知識的累積固然是面對市場時，最主要的競爭條件，但，銷售的本質是客戶。

精確掌握人性，運用彼此互動的技巧，也是銷售過程中，不可忽視的重點。

從西元前一世紀希臘希波克拉底醫生所提人類的四種氣質分類，和十九世紀巴甫洛夫提出的高級神經活動類型，到二十世紀二次大戰後學者，所整理出的人的個性大約區分成四種類型及特質：

和藹可親型（Amiable personality）：

為友善且易於相處的。喜歡先建立關係後，再進行交易，富於同情心、善於傾聽，也較願意分享他們的想法和感覺，個性較外向。因此交易前，先與客戶閒聊，接著說明公司產品將可符合其需要。他們在意別人的想法，故可提供別人的經驗供其參考。

感情豐富型（Expressive personality）：

為外向、富創造力、熱情、喜好歡樂，喜歡他人注意自己，較自我為中心，少傾聽。因此，在正式交易前，先花一些時間與其交際。一旦提到交易，請把握重點，因為他們只看大項，不管細節，讓介紹變得好玩又刺激。運用大膽的顏色及照片，並強調誰用了他就能解決問題。

分析熟慮型（Analytical personality）：

他們需要所有資訊來做決策，因為他們是細節導向型，要求精確，且需時間去做理性決策。他們較內向，他們在意自己的感覺、想法及動機，而非他人。他們也比較不會和他人分享心中的想法和感覺，且交易就是交易，不注重社交。因此，只要直接且有組織的提供事實，並強調產品是如何解決問題的。

領袖型（Drive Personality）：

把客戶當成你的主管看待。這類型屬行動派，並依循他們的目標做事，他們要求立即解決問題並迅速做出決定。他們強烈要求找出解決問題的答案，但不需花時間建立關係。因此，必須展現出明快且專業的態度，迅速把握重點，不需交際。直接討論利益及結果，強調解決他們問題之產品或服務是什麼。

總之，你必須觀察、了解、歸納客戶是屬於何種類型？你才能很清楚地去蒐集該類型客戶所在乎的資訊，並透過其他成功行銷的方法，讓客戶瞭解「我在意和需要甚麼？」事實上，這也是業務員想了解客戶的潛在問題，也關係著潛在客戶能否成為滿意，進而變成忠實客戶的重要關鍵。我在上一本拙作《333銷售心法》也闡述了一些技巧說明，也可以參考一下！

客戶篇

- 客戶如何分等級
- 現有客戶如何維繫
- 新客戶如何獲得
- 潛在客戶如何開發

CRM
Customer Relationship Management

一般的ＣＲＭ都是以企業角度出發，前面兩個篇幅把觀念和導入都做了闡述，本書主要訴求是以「運用ＣＲＭ概念於業務銷售的個人工作」，所以緊接著要談的客戶篇、實戰篇和技巧篇三個章節，都要把客戶關係管理做一釐清，客戶關係管理不只是客戶服務，它只是客戶關係管理其中的一環，不管企業或業務人員來看，如何去了解客戶是重點提要，也是任何業務生存的最重要關鍵。隨著客戶的成就和發展、境遇，消費者的生活、興趣、情境、需求都會隨之改變，所以我們要頻繁地、主動地去了解客戶的動態；同時由於各個客戶對利潤的貢獻度不同，也不能一視同仁對待。

我常常在上課時以搭乘飛機為例，航空公司至少區分三種艙等，經濟艙、商務艙和頭等艙，以購買的艙等來看，從報到劃位開始、貴賓室使用、搭乘機位的寬敞度、服務的細緻度等等，會因為機票費用高低而享受程度不同，在這點上必須讓客戶適度地去了解，我們會依其特性、需求、消費能力、以往經驗提供相對的服務，不是大小眼，符合客戶的價值對待，這才是一種量身訂製、真正善待客戶的作法。我們該如何與客戶發展新的夥伴關係，或者是釐清彼此的相處方式，其實都是可以彈性調整。

CRM 1

與客戶建立深厚的情感

我們透過接觸、溝通對話，以達到了解客戶的目的。所以，必須要知道，每一次的接觸，都必須全力以赴，讓接觸達到了解客戶的程度，最少要做到掌握客戶在做什麼，還有他的需求。同時，也要讓客戶感到被尊重、關懷、疼惜，覺得和你接觸「值得！」才不枉客戶願意與我們進行互動的心意，促進彼此之間情誼的機會。

透過接觸和彼此交心、了解下，與客戶精緻地互動，完成客戶所在意或所嚮往的事，希望能夠讓客戶：

1. 願意和我們持續互動：因為產生愉悅感受、進而讓客戶得利、獲益、使得客戶願意分享給身邊親近的人並協助業務人員績效的提升。

2. 願意向我們說出真心需求。

3. 願意推薦成為永遠的幫手：讓客戶因為我們對他的瞭解，而貼心服務受到感動博得好感、所以客戶心情愉悅下、願意推薦而讓績效提升，客戶滿意，彼此得利。

4. 成為夥伴關係，讓我們可提供大家想要的服務或商品。

關心，讓我們積極地去接近客戶、願意服務客戶。在真心關懷中，我們了解並知道客戶的需要，也因為關心我們提供適當、合宜地協助、關懷和尊重，所以客戶更願意接受我們的服務和提供的商品。請記住，「愛、關懷、尊重和分享」，不僅是最高超的行銷技巧，透過關心、傾聽和了解，彼此的真心對待，也會發現客戶的人生價值。

另外，我們在經營目標市場，深耕客戶時，需要熱情的投入工作，並尊敬自己的和熱愛自己的客戶；投入時間和精力，不斷地與客戶保持接觸；客戶是人，不是金錢也不是數字，應該用人性化的方式對待；去探索和確認客戶的需求；讓客戶有愉快、滿意的感覺。

2

深度思考，整頓現有客戶

長期以來，總是希望投入在最重要、最有經營意義的客戶身上，包括最有需要我們的、最有推薦能量的、最有影響力的客戶，但也常受限於許多原因，讓我們無法去做客戶的深耕，譬如：

1. 不知如何規劃自己的目標市場。
2. 本來是全心投入在追求完美的商品和客戶滿意度的工作上，但隨著時間發展，漸漸忘了自己最擅長的領域，流失了最堅強的支持族群。

3. 已陷入運行真空的模式中，失去了熱情，只知道一成不變的「工作」，又無法擺脫既有的模式，從客戶的往來中抽離出來。

4. 害怕得罪客戶、害怕拒絕不良的客戶。

其實，只要你回過頭來，好好想想看，你會發現客戶還有很多值得、可以創造的空間。更重要的是，如果著手研究看看，你會發現客戶的價值是可以創造的，獲利比會倍增，只要全心投入還可以增加百分之五至十以上，值得被期待，也值得被經營。又或者，可以發現所謂的金鑽客戶，尤其是那些還沒有完全發揮價值，值得被鎖定的現有客戶，以及你原本以為關係欠佳的客戶。

那麼，現在就讓我們好好來想想，哪些客戶應該重新思考，該怎麼作？

1. 該如何整理現有客戶，訂出處理原則？

2. 如何同時兼顧鞏固老客戶和開發新客戶？

3. 該如何面對關係欠佳及久未聯繫的客戶？

4. 有哪些方法可擴展人脈和增加客源？

5. 輕鬆行銷，每天工作幾小時，卻呈現亮麗業績的好方法。

想好之後，我們還必須思索的是：估算客戶的價值。客戶終身價值的概算也沒有絕對準確的，只是我們可以用現有資料和短期內的可能發展來評估，用以決定我們是否要視狀況犧牲獲利，以爭取該客戶的重要參考。面對這種狀況，我們當然是很有可能「有眼無珠、錯判情勢」，但不管如何，經過這樣的概算，還是會有很多值得參考的價值。而且，如果能時常檢討概算的技巧和經驗準則，就比較不會出現判斷上的錯誤。

事實上，概算價值能夠較準確的人，大多是有實戰經驗、或常評估檢審的人。

該怎麼做？其實客戶的終身價值，就是討論一位客戶，他會在一生中：

1. 向你購買的可能數額？

2. 像他這樣社經背景的人，可能帶來的潛在客戶可能有多少（轉換為金額）？

3. 像他這樣社經背景的人，可能帶來的正負面影響可能有多少（轉換為金額）？

4. 像他這樣社經背景、習性的人可能耗費你多少銷售成本（含時間、佣金、額外要求點點滴滴）？

試算：1＋2＋3－4＝評估的終身價值。

剔除不良客戶的技巧

做好評估之後，可以先積極努力，想辦法達到雙贏，當然更可以選擇在適當的時機下，預留後路，往後再做。不過，當不得不向客戶揮手時，處理原則一定要謹記下列幾項要點。

1. 流失絕對是損失，一定要再三設法改善與客戶間的關係。協議增加費用、減少服務項目或變動互動關係等等。
2. 不撕破臉：寧願採用間接拒絕的方式，如堅決提高售價、拒絕折扣優惠、嚴苛的付款和服務條件等。

3. 面對面：開誠佈公地、專業地和對方談諸如精算服務成本的問題。

4. 協助尋找可能接手的對象，並提早通知和說明。

5. 預留後路：保留可能的聯絡（尤其原為優良客戶）。

客戶分級的重要性：誰才是我的貴人？

唯有對客戶採取精選和分級的動作，才能進一步提高我們的工作效率，提升績效，但，請記住，分級不是篩選，而是一種有系統的整理，還是需要保持處理優先順序上，動態的調整和掌握。同時，隨著客戶量的增加，把時間、精力放在必須親自處理的事務上；並讓客戶了解，事情仍將一定有人處理，只是不再事事都由你親自處理。

不同等級和互動方式的客戶要用不同的作法，尤其是對篩選出來的優質客戶，我們必須用高效率、高品質，來獲得他持久的青睞，包括：

1. 扮演好自己應有的角色，莫逾越，但力求超越客戶的期待。
2. 不是力求凡事完美，而是對客戶表現熱忱和責任感。
3. 永遠在消費者左右，提供協助、高度關切和盡力，但非代勞。
4. 給客戶額外的關心、優惠和真誠相待，而不是討好。
5. 不斷地尋求比以往更好的方式來回饋客戶。

當我們透過頻繁又主動地接觸，對客戶的最新狀況和急迫性需要，有所了解之後，針對所有客戶狀況、價值加以評估和分級（類）的同時，可以使我們將心力放在最需要我們的客戶身上，同時維繫好我們與客戶之間的關係和承諾。而所謂與客戶維持最緊密的關係，就是雙方都能夠保持持續的聯絡、遵循曾經應許的承諾、隨時願意熱心地提供協助。

因此，透過客戶的分級，我們才能夠真正在各種接觸、傾聽客戶的機會中，獲得的資訊，對客戶做出必要且公平的服務，並能有效率地繼續發展關係，客戶得到最優質的對待。

4 精確掌握績效，客戶分級

● 秘訣：談→聽→算→看→選

想做到客戶分級，最有效的方法，就是根據現有的交易往來和客戶資料檔案（本書後面章節會闡述）中，找出哪些客戶真正運用我們所提供的服務？還有哪些服務又是客戶所企盼的？並用交易互動、人際、影響力、實力和未來潛力等方式，將客戶詳加區分為互動頻繁、消極、關係欠佳的現有客戶，影響力、推介及交換的客戶，或是優質和一般潛在客戶、他人移轉的客戶，而每一種又可再細分，輔以各種方式來營造或改善雙方的夥伴關係，創造最完美的組合。

舉個例子來說，你可以先想想看，這個客戶能正面影響其他的客戶嗎？這個客戶能和你激發出創意點子嗎？這個客戶在某些方面能積極協助你建立你的夢想王國嗎？你的工作夥伴喜歡這樣的客戶嗎？

現有客戶、潛在客戶

客戶可分為現有客戶和潛在客戶兩大類，再依互動、價值、交易需求、屬性等細分。事實上，客戶的分級沒有絕對的標準和絕對周到的方法，你需要用不同的考慮因素和科學的、感性的方法來評估，但具體的數據則是來自於現有的交易檔案資料。

舉例試算客戶的價值：

	A客戶	B客戶
此期間購買的總次數：	10	8
此期間購買的總金額：	2000（平均值：200）	1500
－ 銷貨總成本（直接成本）	1200	900
＝ 毛利	800	600
－ 行銷費用	100	40
－ 其他間接成本	300	160
＝ 銷貨淨利	400	400

用具體的標準和可能獲利率來評估，這就是一種客戶分級。而且，記住，找出最好的客戶群，投入最大的心血、用心經營！將會為你帶來最佳的潛在客群。並在這群客戶中找出他們共同的特質，再用這些特質去集合專屬於你的客戶族群。

客戶簡易分級法

從現有交易檔案資料中的具體數據，來做為基準，就是種簡易的快速分級法。主要考量基準如下：

1. 此客戶能準時付錢、甚至願意預付款嗎？
2. 此客戶是會設定一些標準來過濾賣方的買方嗎？
3. 此客戶是有宣傳價值（代表性、關鍵性、策略性）的人物嗎？
4. 此客戶是不是認同你和你的企業的價值、理念較多的客戶？
5. 此客戶是不是購買金額較高或經營成本較低的人物？
6. 此客戶是不是你可以不計任何代價和成本也要擁有的人物？
7. 此客戶是不是推薦能量甚高的人物？
8. 此客戶是不是持續不斷，願意向你購買的人（近購和再購頻率較高）？
9. 此客戶是不是購買金額或數量比重極大的人物？

10. 此客戶在某些方面能積極協助你建立你的夢想王國嗎？
11. 你喜歡這樣的客戶嗎？
12. 此客戶過去對你的貢獻度是否在 TOP 10/50/100 之中？

以上所提到的考量點是不是有一些輪廓？你必須了解到，客戶分類分級並不是單純以過去的購買力高低來區分；西方學者 Koleter 認為，消費者市場主要的區隔變數分為地理性、人口統計、心理和行為四類，CRM也提到的RFM（最近購買日 Recency；購買頻率 Frequency；購買金額 Monetary Amount），都是提到分類分級的概念，所以說，理論上的東西我已簡化為上述的十二個考量，試著去思考一下吧！要怎麼做？在本書的技巧篇章節會教你！

分級之後該怎麼做

1. 隨著拜訪、實察的結果，作動態式屬性的區分和處理。當做好客戶分級時，應該設法提昇客戶等級，並把時間、精力、預算集中到精選的客戶群身上。

2. 依價值、交易需求量、互動緊密度來分級處理。可區分為親自處理、交辦處理、消極處理和靜止處理或是自動轉繳。

3. 頂級的客戶需有頂級的對待，優先處理就該是一項獨享的尊榮。

讓最重要的三種人願意留下來

1. 最有購買能力的人：也就是在乎保證、獲利和尊重。
2. 最有推薦能量的人：如在乎服務、口碑和有形值得。
3. 最有影響力的人：在乎口碑、尊重和無形值得。

對客戶加以評估和分級，是讓我們將心力放在最應該和最值得投入的客戶身上，也能維繫客我之間的緊密關係和承諾。

客戶分級後，你會瞭解得愈多

在進行接近客戶的實察，作好客戶分級後，相信，你已經對客戶價值分級或是急迫性、重要性分級後所產生的內容十分瞭解；同時，也在經常性接觸、訪視的過程中，對客戶狀況已經是非常了解和深耕了。因此，在這裡，你有沒有從這裡，有關於客戶的眾多資料中看出什麼？有沒有什麼玄機？

首先，你是否注意到客戶不是一個人，而是一家人或是一群人？在那樣的一家人中，你還有什麼不了解？還有什麼機會沒有把握？你有沒有想過，這也代表了某種程度的「商機」？你可以把那一家人變成「我們這一家」嗎？還是這一家人可以歸屬在哪個家族？

其次，不知道你有沒有注意到，你家、他家、我們家、你們家、他們家、大家，有什麼不同？又，有沒有相同的喜好、興趣、重視的事？可以讓我們找個特別的理由，然後把他們串聯起來，使之成為許多不同主軸的族群，使他們連結成具有忠誠度的一群，如讀書會、重機俱樂部、健康俱樂部、品酒家族、插花家族等。

總之，透過客戶分級，在實察的過程中，總會有些特別的收穫，對你很有幫助。

其他，還有包括：

1. 了解市場和客戶的需求、想要、消費能力和水平。
2. 明白客戶對某些事物情有獨鍾的典故。
3. 了解客戶對你的產品和服務的真實反應如何？
4. 體會客戶給你怎樣的感覺和你原本以為的相符嗎？
5. 找到自己的特質、銷售方法和讓自己更傑出的方法嗎？
6. 你知道該投入在哪裡了嗎？想到投入的方案了嗎？

我們常聚焦在商品上，或是做些我們以為貼心的服務。到目前為止，分類分級客戶後，你了解或客戶了解你所表達的方向了嗎？重要的是，你知道和體會客戶內心想要甚麼？

6 客戶就是「重要夥伴」

一位有身價的專業的銷售顧問，最少都可以提供給客戶良好的互動經驗，以及協助客戶使用簡單又快速的審閱購買方法，並且能透過客觀的商品分享，協助客戶清楚自己應該購買或投資的商品為何。但是這樣的專業顧問只是聚焦在提供商品購買過程的滿意度而已。是不是要思考的是，你還可以協助客戶取得最有利的保障，和持續維護自身權益的方法；可使客戶成為我們照顧和關懷的成員，譬如讀書會、聯誼會、俱樂部等等；並持續透過獲得滿意服務的同時，加強彼此的互動。

積極處理關係欠佳的客戶、客戶抱怨

至於面對關係欠佳的客戶時，千萬謹記面對問題的心態，別讓出了問題的個案，成為我們人際關係上的障礙，因而產生逃避、堅不認錯的態度，甚至阻斷了客戶和我們之間的聯繫。應該注意的重點是，你在處理問題的態度，是否注意聆聽客戶的想法並找出原因，除此之外，你也要徵求客戶的意見、提出你在專業上的判斷；所以在面對問題的過程上，從了解、記錄、研究問題，然後面對問題、處理問題、解決問題；讓客戶減輕損失、做到立即亡羊補牢的方法；並採取彌補措施或另起爐灶做追蹤管制流程。

如果遇到客戶抱怨時，切記！這是改善客我關係的關鍵，也是彌補問題和缺失的重要關鍵，因此，首先要做的事，是確認抱怨內容後，必須格外用心處理和積極公道地回應；提供「做得更好」的意見，同時，盡可能馬上地付諸行動；交換或提供使用心得，以便發揮更大的產品效益。舉個例子；我曾經遇到一位客戶打電話給我，剛開始很客氣與我寒暄，但話鋒一轉馬上指責我說：「李先生，你在工作上已經很有成就了，但從買完產品後，五年沒再見過你，或許我只是你很小的客戶，你看不上眼吧？」當時我連忙在電話裡道歉後，過兩天到客戶辦公室碰面，致上小禮物並馬上做四十五度的鞠躬道歉，客戶被我這舉動也嚇了一跳，趕忙的連聲說不好意思。

在這例子上，我的態度是立即採取對客戶抱歉的堅決心態，希望突破彼此關係更好的改變，也認為這是道歉後應該有的行動；我對客戶抱持著只有更好的對待，才會有更好的回饋，並呼應對方的需求和期待。後來客戶又購買了另一個商品表示對我表示信任。

總之，把握關鍵時機與處理的時效，用心經營關係欠佳的客戶，把餅做大、客戶作多、擴大客源，就能增加行銷的機會和成績。而且記住，各種舊關係、老關係的再生；助人人助；包括尋求老客戶、貴人、異業夥伴、親友等各種推薦，都是提升原先績效的方法。

展現最誠摯的態度

1. 讓客戶知道你的真誠態度，使他產生共鳴。

2. 讓客戶相信你能感知他的需要所在，也明白你將盡全力滿足他的需要。
3. 讓客戶知道他即將購買的商品價值、功能等，並務必做到讓他聽得明白。
4. 讓客戶知道他該如何發揮商品價值和權益，並務必做到讓他用得明白。
5. 讓客戶在你的關心下，成為最忠實的客戶，並把你當作「他的……」。
6. 讓客戶願意將消費經驗告知他人、影響他人，並務必做到讓他能說得明白。

堅持自己的策略

1. 大眾策略：全面接觸，不放棄任何機會。
2. 小眾策略：鎖定特定的客戶族群或特質，不浪費時間在非客戶身上。
3. 分眾策略：混合運用大眾和小眾策略的原則和方式來搶佔市場。

整理現有客我關係的要訣

讓客戶重新認知和肯定你的專業，接受你專業的服務，唯有如此，客戶才能夠在你身上，得到最豐碩的成果。別讓他因誤判而不在意你們的見面會談，別讓他因誤判而浪費了彼此寶貴的時間。

CRM。7

找出你心目中的客戶

所謂茫茫人海，你要怎麼樣才能找到中意的客戶，客戶在哪裡？應該透過什麼方式來介紹自己？名單和資訊蒐集、書信、電話、親訪、其他等等，方法這麼多，又要從哪裡開始？抱持著幫助別人的心態，向親朋好友和從現有人脈中去尋求，不是非請他們購買不可，但要贏得好感、信賴，該準備什麼讓對方「一見鍾情」？

開發客戶的方式或途徑，怎樣擴大自己的人脈？

成為別人的資源供應中心、他人的可靠導師、對方傾吐心事的好聽眾和啦啦隊；常常讓別人愉悅、得利、獲益；常常成為各方仲介媒介，如媒人、介紹工作；見證好人好事者；協助推廣推薦；幫別人解決難題，擔任義工……這些，都是協助使人獲益的事，只要懂得妥善運用，就不用擔心了。

藉由接觸、訪談成功者，來提升自己、拓展人脈

方法一：和資產雄厚的已知人脈吃飯或喝茶。請教他們人生的處世與價值，這麼一來，可以研究他們的背景和成功之道。並從訪談過程中歸納出：共同點有哪些？思考模式如何？共同的優勢特質有哪些？將對我們十分有幫助。

方法二：在現有的客戶之中，找出在各個不同領域中的成功者。例如成功媽媽、爸爸、老師、醫師、企業家等，請教他們的成功之道，並邀請他們擔任讀書會的貴賓。透

過這樣的訪查，也可累積人才資源庫。

或者，創造口碑讓滿意的客戶自動介紹潛在客戶。運用參加各種社交活動的方式，開拓各種公共關係。從你的親友、現成的客戶中去創造和擴散。勇於交換名片，並將聽到或看到的可能潛在客戶都用隨身筆記本紀錄下來。

每天訂出六小時投入工作。定下目標，全心投入，就會產生高效率、高效益。

客戶開發的技巧：

1. 自行以書信、**DM**、**Cold Call** 銷售電話、傳真、簡訊、Email 開發（不建議，較違反ＣＲＭ客戶經營精神）。

2. 關係的引薦（關係的關係）

A. 老客戶的引薦（客戶、親友、員工、關係）。

B. 親友的引薦（客戶、親友、員工、關係）。

C. 關係&影響力中心的引薦（客戶、親友、員工、關係）。

D. 異業夥伴的引薦。

3. 自行發展的人脈衍生。

4. 公司／組織擴展成果（認同式行銷）。

其實，客戶開發是一般對於廣義的績效初始所需要做的事，而ＣＲＭ所要聚焦的狀況指的是，透過客戶的關係經營所延伸的人際網絡再做開發，這是和一般開發客戶技巧的觀念有很大的不同點。

8 接觸客戶時，這些事，你都注意到了嗎？

我們總認為做好客戶服務，就是常常提供一些貼心感受。俗話說：「送禮送到心坎裡」，問題是，你了解客戶的心坎裡是甚麼？我們都想要深耕客戶，但是必須要掌握、做好客戶的資料蒐集和管理，即使只是微不足道的小事，這些客戶點點滴滴的往來互動的紀錄，都是珍貴的資訊。

1. 交易和服務紀錄＋詳細背景資料分析（基本資料、嗜好、習慣、標準）。
2. 客戶的人脈和關係地圖。

3. 客戶的貢獻地圖和推薦紀錄。
4. 各式各樣的訪談問卷和統計分析、或表單。
5. 客戶的價值評估（推薦力、購買力、影響力和其他潛力）。
6. 客戶的需求缺口和短期需求。
7. 哪些（人、事、物）是客戶最為重視的、最擔心的和最能打動心絃的。

看到這裡，有沒有感受到，你對客戶的掌握度和了解似乎不夠呢？這些要做的事情，無外乎是要你更精準了解客戶並投其所好的關心、服務、讓客戶對你滿意到非你莫屬呢？

面對客戶前，你必須先想到、該準備的事

蒐集每一次的訪談紀錄和問卷資料後分析，也了解到客戶的一些想法，接下來，你再思考看看怎麼接觸客戶？

1. 研究看看客戶願意和我們見面的理由
2. 找出如何去接近客戶最能接受的方式而不會拒絕？
3. 設想接觸客戶時討論的最佳話題有哪些？例如生活、工作、家庭類型？
4. 客戶會希望接受你邀約或參與的活動有哪些？為什麼？
5. 如何讓客戶對你的談吐、話題、穿著、態度產生好印象？
6. 如何讓自己在接觸客戶時的談吐、話題、穿著、態度，使客戶對你產生信賴感？
7. 你要引出甚麼話題或事情，讓客戶受到感動而願意繼續和你談下去？
8. 該如何請客戶有購買的想法？（含時機和該怎麼說）
9. 如何讓客戶真心誠意地為你做推薦？

從以上的問題當中，我想要提醒的是，從拜訪前要準備的紀錄開始，到拜訪客戶的接觸面談，或許在你的工作領域已經清楚了解，但是我建議的這些項目你要反覆思考如何落實運用。

接觸客戶前的五個重要事項：

1. 為何客戶不願意／願意見我們？
2. 客戶若因為忙碌很難約時間，該怎樣做才能和客戶見面？
3. 該用哪些一定有效的理由來約客戶見面？
4. 和客戶見面的方式何者最佳？
5. 和客戶見面要說的最佳話題／訴求有哪些？

客戶為何願意和我們見面？

客戶沒有時間的問題，只有他想不想和有沒有必要見你的考量而已！只要客戶感覺你能帶給他榮耀、資訊、資源或是愉快的話，當狀況許可，客戶就一定會與你見面。你若能提供利益、幫助、愉快，尤其是讓客戶感覺有切身利害或迫切需要的議題，客戶就非見你不可。因為你可以提供給客戶：

1. 利益（得利／獲益）、新知和機會的資訊。
2. 學到一些東西、得到額外的服務。
3. 彼此享受（聊天、排遣寂寞、舒緩壓力）愉悅的興趣。
4. 獲得未來表現或生意的機會。

客戶不願和我們見面的理由

業務人員每天除了面對績效外，另一份重要工作，就是面對客戶拒絕，客戶有可能對於我們解說的商品不需要，或是對我們的服務不滿意。但是，這些都是見了面之後所產生的拒絕，而拒絕的理由就必須去探索真正的理由，可是業務人員最擔心的卻是連見面都不願意，代表的原因可能是：

1. 有購買需要與否、人情推薦、時間被干擾及浪費時間的壓力。
2. 在過去購買過程中，有被侵犯、窺看、刺探、冒犯、輕忽等藐視等不舒服的感受，所以心理上有反射的抗拒。

遇到這種感受性強的客戶，我們碰到一開始沒有理由的拒見，就要開門見山的提出我們對拒見的看法，讓客戶釐清拒見的理由，是感受問題？還是你的問題？

邀約見面的理由

邀約你的客戶本來就不是甚麼大問題，但是邀約碰面若只是談些你想銷售的類似話題時，客戶往往會顯得意興闌珊。所以我們可以用議題式的邀約，或是從資料庫裡取找到客戶有興趣的話題進行邀約。

1. 徵詢擔任某項計劃顧問之意願，譬如你想進行一項義工計畫之類的活動。
2. 邀請參加年度擬的績效回顧感恩活動。
3. 邀客戶一同出遊計畫。

4. 成立五十位好客戶俱樂部，作為進行意見交流或回饋的活動。

5. 向新購、再購、推薦客戶在四十八小時內寄感謝函，以取得回應互動機會。

6. 售後三十天內需求及滿意度調查，或不定時電訪表達感謝之意。

7. 舉辦填服務調查及抽獎活動。

8. 帶著伴手禮去客戶那兒閒聊……。

9. 頒贈給客戶忠誠獎牌。

與客戶見面的方式

蒐集客戶最喜愛的活動方式一同參與，讓客戶發覺你是他的知心好友。

1. 喝下午茶／咖啡。

2. 一同參加某種派對、活動或特殊的會議。

3. 邀客戶一同參加音樂會／表演／義賣。

4. 到客戶家裡或公司見面或服務。
5. 邀客戶一起用餐。
6. 邀客戶一起購物。
7. 邀客戶參加戶外休閒活動。
8. 邀客戶一起去運動／健身／打球／健行／爬山。

用什麼話題和客戶談話？

你必須知道客戶資料庫的建立對你的工作有多麼重要！從資料庫中瞭解客戶對什麼事情是關注、關心？在乎的事情是什麼？採用一些屬於內心層面的主題來切入，客戶會覺得內心感受被觸動。

1. 對孩子的未來要怎麼準備，才讓自己不會有壓力？
2. 辛苦工作的代價準備就是要擁有自己的房子，要怎麼做呢？

3. 要存下多少錢才能擁基本的安全感？

4. 生活上你所在意的事情有方法解決了嗎？

5. 你對未來的期待，不要成為一種夢想，我要怎麼幫上你的忙呢？

6. 如果你的負債不能成為你的資產，那麼工作努力所換來的只是壓力。

9 掌握關鍵時刻，贏得客戶的心

何時應該接觸客戶？務必要掌握這些再忙也要接觸客戶的關鍵時刻！尤其是客戶家有新生命出生時、客戶家有人畢業時、客戶家有人要找新工作時、客戶家有人升遷時、客戶家有人結婚時、客戶家有人購屋、客戶家有分家產時、客戶家有人分居時、客戶家有人離婚時、客戶家有人退休時、客戶家有孩子獨立時、客戶家有人過世、客戶需要你服務時，林林總總，不僅牽動著客戶的生活，也是你藉此機會，更進一步瞭解客戶、接觸客戶的方法。

至於這些對客戶來說，重要、關鍵的日子，就有賴於你平常的調查，對客戶所做的功課。

除此之外，有時候會有些臨時取消的見面、拜訪空檔或是下班前的「剩餘時間」，很容易就消磨掉；而有些客戶，雖然我們以往過四關、斬五將，但還是很難約訪成功，何不就把握機會，來個臨時起意的拜訪，去拜訪那些你以為會不受歡迎、屢約不成或苦無機會的客戶，或許有意想不到的效果。

一旦取得見面的機會，拜訪過客戶後，也不可以懈怠。你必須瞭解，是否從拜訪過程中，得知客戶的價值觀、認知、喜好、作風和渴望等等，因為這就是據此分析出客戶消費行為、習慣模式的各種變因和動機的重要內容；而且，要嘗試從中蒐集資料、分析資料，以便進一步動手做客戶研究，才能夠：

1. 按照客戶的期待方式與之互動。
2. 視客戶需求的時間、品質期望，及時滿足（知道需要、及時的給／被動）。
3. 視其可能激發起其動機或購買慾（知道可以、激發創造／主動）。
4. 發現和改進自己的不足或劣勢，讓客戶安心、放心。

從拜訪客戶建立往來的紀錄，不單是流水帳的紀錄，而是要整理客戶記錄裡的重要資訊，並從資訊裡分析出有用的話題，和客戶交談內心的感受。

這樣可以形成與客戶緊密而精緻的互動，包括願意持續和我們互動、往來、分享；願意對我們說出真心話，需要、想要和感覺；客戶也願意回饋他的舊識，進而幫我們推薦，客戶和我們的互動中，慢慢的也成為永遠的幫手，或許成為夥伴關係會是另一種關係的延伸，讓我們可以不斷提供客戶想要的利益、服務和商品，提升我們事業的發展。

10 經營客戶的重要秘訣

成交，正是關係的開始

苦心經營客戶的過程中，很多時候，只要成交了，站在業務員的立場就會以為是彼此關係的「結束」，就算還是有聯繫，還是有互動，但態度上總是不夠積極。請記住，成交的那一刻，真正代表的意義是，我們與客戶的關係才剛要開始，而不是結束！

許多人並沒有善用成交客戶所帶給我們的好機會，反而認為成交就是代表不可能再有機會，至少短期內是這麼認定。或者，因為自己沒有能力去經營與客戶之間的關係，於是急於尋覓下一個客戶。其實，這個時候，正是客戶要透過彼此的互動，來建立信任關係和伺機提供更多服務的時機，千萬不要忽略！我們沒有和客戶失之交臂的本錢，因此請努力和客戶發展關係吧！

不懂得深耕客戶、不懂得和客戶精緻互動，你就無法生存！

提昇忠誠度——精緻地和客戶互動

1. 創造與客戶暢通的溝通管道，使客戶願意主動和你接觸、表達想法和意見。
2. 鼓勵客戶成為我們特地為他打造的團體中的一員，使他有歸屬和參與感；並隨著需求的不同，可獲得不同的服務和招待，請記住，這類型的客戶在乎的會是你的服務品質而非價格。
3. 提供忠誠的客戶所渴望的東西，讓他愉悅、獲益和得利。
   (1) 幫助客戶安渡難關。
   (2) 讓客戶覺得與眾不同的聚會或是活動。

(3) 與特別的人共同擁有特殊或值得紀念的日子。

(4) 不凡的禮品、資訊、活動……等。

建立客戶反應回饋系統

但行銷過程中，也有諸多可以運用的部分，那就是詢問客戶：

1. 購買商品後的心得，包括締約過程的感受，及該注意的使用經驗。
2. 他們對競爭商品和對手的看法。
3. 商品和服務希望帶給他們什麼期待。
4. 提供怎樣的有形價值？帶來什麼利益？從客戶處，聽聽他們對產品的看法、評價和反應。甚至透過市場調查，向目標市場的客戶，詢問他們對這類產品和服務的需求動機。並為何選擇其它公司的產品和服務，如競爭對手或商品的優勢、我們的弱勢（通路、形象、技巧、服務、品質等）、達到喜歡而購買的要求為何？需求量等。我通常在成交後會問客戶，「你為什麼向我買？你買的理由是什麼？」也有客戶詢問過我，「為什麼你賣的商品比別人貴？」我也想知道為什麼我提供較貴的商品客戶還是向我購買？客戶回答我：「因為我比較信任你。」

5. 你對於客戶有了實質回饋上反應的收穫，客戶量夠大時，亦可以運用問卷量的調查，來實際了解進入某些市場的機會。流程是：客戶或業務上的想法或需求反應給商品開發再進行合宜商品設計；商品設計規劃清楚後，再告知商品產出單位市場需求重點，最後業務和客服進行銷售前後的流程。

6. 積極回應來自客戶的抱怨並仔細的聆聽、理會，並迅速處理客戶問題，會使對方情緒願意被挽留下來。並藉此機會，運用同理心主動徵詢客戶對服務和產品方面的意見。

有時候可以反向思考一下，讓客戶的負擔少一點

或許，客戶手上有著許多不同名目的商品，可能在心理上早就已經造成他過多的負

擔和困擾，這時，若客戶反應後，我們或許可以協助思考，如何讓客戶的負擔少一些、干擾少一些、保障多一些、服務多一些？銷售並不一定是要求客戶下一秒鐘就必須決定些什麼？若讓客戶覺得我們用同理心的建議他另一方面的選擇，其實，很多時候，更貼心的服務和互動，會讓客戶與我們之間來得更真誠，當然也會在無形中，讓客戶變得更忠誠，使他對我們更加信賴。

四 實戰篇

- 不斷學習、自我檢審
- 做好行銷規劃、評估
- 將心比心的溝通
- 建立屬於自己的客戶關係圖

CRM

Customer Relationship Management

如果你在行銷過程中，始終會疑問：客戶在哪裡？為何我可以談的客戶越來越少？為何我抓不到客戶的想法？為何我的服務成本越來越高？為何能介紹的客戶始終不多？為何收入始終不高？……等一連串的問題，就必須深思你是不是在銷售過程中，沒有掌握到訣竅、用錯方法。

1 釐清、掌握業務人員的銷售心法

面對這樣的情形，就必須先釐清，掌握銷售心法關鍵，以及發展核心客戶群的要訣，來進行你的事業發展，在進行計劃之前你要弄懂以下幾個問題：

1. 建立自己的品牌形象、優勢、價值。
2. 要有能力了解客戶的訴求和滿足客戶需要。
3. 要有效率地掌握住你自己的發展方向和模式，可有效益的複製，並且讓客戶願意透過你而滿足他的需求想法。

4. 要如何進行你的客戶擴展與深耕計畫？

5. 你了解工作目標所必須要的投資與執行計畫後的收益為何？

業務人員在進行市場開發時，往往對於自己的目標、計畫、執行、檢討等不夠明確，所以會因為感受到市場變化、及公司策略轉換、商品種類推陳出新，而亂了手腳並急就章的想締結案子，長期下來，關注客戶的感受度下降，逐漸的對工作失去熱誠和抱怨，對客戶的關心關懷變少，客戶拒絕度增加，也就不想拜訪客戶了，績效也會受到阻礙。請思考以下幾個可能阻礙你的原因。

沒有走向客戶的主因

1. 不了解自己能做的、該做的和想做到的。

2. 缺乏明確的期待或夢想。

3. 缺乏價值感（沒得到實質的信賴和肯定、只能進行社交發展而沒有實際的行銷成果、成果不如預期）。

4. 與家人、客戶、同事、自己相處不愉快。

5. 什麼都要被人肯定倚重的心理，所以想要事事準備妥當。

6. 耗在不重要的事情上，工作規劃不當浪費時間。

7. 計畫未能確實執行、未適時檢討執行成效或修正。

8. 感受職位頭銜太低或太高的魔咒，讓你產生不願走向客戶的規避行為。

9. 不知如何從工作中快速找到機會，例如業績、工作合宜的有效方法、找不到新的拓展方向、得不到客戶推薦。

深刻體驗客戶的感受，才能發掘和解決客戶的問題

所以，在發展你的業務績效提升時，請回歸到業務工作特性和目標，在於客戶的經營；本文一直強調的是，專注在客戶關係管理的過程中，需從深入了解客戶的需求開始著手，然後從能夠滿足客戶需求的行動方案中，去重新檢視自己的價值，到底是想要爭

取更多的客戶？還是要改變現有客戶的購買行為？或是同時進行？

總之，在先弄清楚自己的目標後，再決定要把握怎樣的機會去爭取客戶和商機，同時，構建出自己最合宜的經營模式，排除自己對客戶最沒有價值的業務活動。另方面，更要思考自己為爭取業績該採取什麼樣的最重要的活動？

除此之外，如果計畫未能確實執行，沒有適時檢討執行的成效或修正，其實也是業績不振中，非常關鍵的原因之一。每週檢討一次是蠻不錯的頻率，內容也不要訂定過多，事實上，只要有訂定目標，就能做得很好，達成目標的能力不斷增加，即使困難度並沒有減少，事情也會變得愈來愈容易處理。

訂定目標：

1. 本週獲得介紹和推薦的潛在客戶數（希望／實際）。
2. 本週聯絡想要和應該投入的客戶數（希望／實際）。
3. 本週參加擴張人脈的活動次數（希望／實際）。
4. 本週新增加的目標對象的資料數（希望／實際）。

5. 本週發出書信的數量（分新、舊客戶）（希望／實際）

6. 其他（請自訂）。

包括做的情形如何？有什麼新的想法或做法？感覺有多好？都可以一個個列出來。

同時，並儘可能評估以下幾個問題：

有沒有目標？能否嚴格要求自己遵守？

維持現在的做法能達到設定的目標嗎？

如果不能，知道該如何去調整和改變嗎？

把時間和精力放在怎樣的事物上呢？

千萬別浪費在相對來說沒有意義的事物上。例如：

1. 祈求早日脫離困境，但什麼都不改變、也什麼都不做。舉例：常待在辦公室鑽研商品和專業上的話術，常找客戶漫無目的的聊天，和同事談八卦等。

2. 篤信明天會變得不同，但讓自艾自怨毀了我們今天的生活。舉例：業績不好原因是公司政策、管理者及同事造成而抱怨不已，別的工作機會比現在好等。

3. 試圖在熟悉的通道中尋找不曾被發現的灰塵。舉例：業績不好時，會希望公司、管理者不要檢討到自己，要不然就是鑽牛角尖，找到自己不成功的理由。

並切記！客戶最在意的是產品的功能、後續服務，以及價值、品質、責任等所代表的品牌效應；同時，還有來自於你的專業（價值提供者）和真心的對待，然後就有機會成為你的忠誠客戶。

為了達到這樣的目的，你必須注意產品能否發揮價值、服務是否能讓人滿意、能否帶來利潤，並在投入用適當的廣宣手法和行銷技巧的過程中，是否符合客戶的需求，如產品、品質、價格、價值，及透過各種通路，適時送到客戶手中，還有讓消費者對商品和後續服務都有等值、合意、滿足的感受。

經營市場所需具備的條件

學習工作上所必須具備的各種專業能力，讓自己能表現傑出。停止學習的人，意味著把自己留在現在，讓不斷學習成長的人來超越，或是淘汰自己。更重要的事，是要做好行銷的規劃和準備，在客戶關係經營和發展的範疇中，規劃好自己的行銷藍圖，選擇正確而有利的市場，專注地投入。

對於客戶，更要傾全力經營，積極爭取和開發客群、擴大人脈。並設法全力吸引客戶的眼光，不斷強化自己的優勢和特質，思考各種關於行銷的創意和訴求；定下目標，在實現自我價值與立下願景的重點中，清楚掌握自己所要的追求，努力讓自己善於聆聽和溝通，以及訓練好為自己工作的團隊。

實施重點

1. 透過重新投入在經營客戶的定位，讓工作價值決定市場，讓自己成為具有優勢的專家，然後選定市場，展開實現目標的行動。
2. 決心與堅持，讓自己成為真正專業領域的專家。
3. 表現優秀、呈現卓越，並爭取認同和共鳴。這是讓自己成為一個懂得關懷、尊重別人，會真誠協助，幫助別人，分享致富之道的人。另方面，當然也要管理好自己的財富，才能進一步有效地為客戶創造財富。
4. 創造有效率、有品質、一致化的服務流程及優質團隊。
5. 用客製化的服務留住忠誠客戶。譬如可以透過諮商、問卷等的呈現，作進一步改善的參考。
6. 留住老客戶、創造新契機。透過明確定位、重塑形象、重整關係、重建信賴、重新互動等，建立客戶的信任。

7. 擴大市場，譬如擴展人脈，藉由有效益的聯繫來突破現狀。

8. 真心對待別人。真正用心去關懷、尊重、同理心對待。

9. 精確掌握客戶需求。當一個好聽眾！請記住傾聽和溝通，是會形成一種密不可分的連結。

10. 交出好成績。有效率的工作、規劃和客戶的互動模式、資料和需求分析、行銷研究、量身訂製、專業發揮以滿足需求。

11. 互動式專業行銷。讓彼此的互動往來，相互獲利、得益和愉悅，也分享幸福和價值。

12. 塑立專家或達人的意見。口碑行銷的威力遠播，可以透過影響，幫助行銷。

3 瞭解自己，更有助於行銷

「在與客戶的互動中看見自己，行銷從了解客戶開始」這句話，看起來模稜兩可。可是實際思索後，你絕對會發現，如果在行銷過程中，為了確實掌握客戶，瞭解客戶勢必是唯一的一條路。因此，欲深入瞭解，就會在無形中，改變自己的一言一行，自己和客戶之間便會產生了某種緊密而微妙的連結。

了解自己是行銷的首要步驟

1. 試著描述你希望的生活情境和品質。
2. 描述十年後的你渴望實現的夢想。
3. 想想看，如果不為生計，你會去做什麼奉獻。
4. 調整你的生活模式和節奏，包括從清晨起床到夜晚睡覺的作息、還有周一到週日的安排，而且要確保會執行。
5. 找出自己在工作和生活上的優勢。

以上這些方法，從了解自己開始，可以幫助你在工作過程中，和客戶聊聊同樣的話題，並且找出客戶內心感受外，更可以藉此接近客戶的想法而瞭解客戶，也更加瞭解自己。

自我檢審

1. 你真正的專業為何？優勢？除了具備商品專業之外，想想自己優勢如何運用？或是劣勢可以轉換為優勢有哪些？舉例來說，若說話直爽容易得罪人是個缺點，但是若稍微說明自己的意圖良善，或許會讓人認為你擁有真誠的態度。

2. 曾經有哪些令人欣賞的東西或卓越的表現？

3. 這些長才怎樣運用在服務客戶？哪些人會想要借重？

4. 我該怎樣去向這些人主動地自我推薦？包括明白自己的優勢所在、知道該如何掌握和保有自己在行銷工作上的優勢、知道該如何面對自己的難題、知道該如何經營客戶和自己的關係等。

讓自己和客戶互動更好的要訣

1. 評估近日與客戶的互動情形，並作紀錄和心得分享，內容包括過去如何經營？未來將會如何等等。

2. 蒐集各種標準化的工作規則和表格，如客戶檔案，內容包括交易、服務記錄、人脈和貢獻關係圖；各項工作的標準規範和表單，譬如：標準書信、標準電話話術、業務標準處理流程、服務處理和追蹤管制的標準流程、組織和管理標準、工作常規和工作標準記錄、資源、支援與獎懲標準、新人招募程序及選訓用留育的計劃方案；並蒐集各種組織增員的創意巧思。

3. 善用工作紀錄、客戶資料夾、客戶問卷、行事日誌本。

4. 完成一年的工作計劃和期望業績。

從了解自己開始，和自我審視自己的表現，你會因為這樣的思考發現，從同理心出發去看待客戶，再做好互動紀錄，以備日後隨時查閱分析，如此一來，客戶對你的好感度增加，自然也會在績效呈現好的成果。

4 做好行銷的規劃和準備

先掌握兩大重點，一是清楚客戶關係發展的核心，爭取共鳴：

1. 獲得客戶的信賴，包括真心對待（關懷、尊重、同理心），讓客戶願意發展關係、有效互動。
2. 用心投入（傾聽和溝通），爭取客戶的共鳴和接受。
3. 盡心服務（讓客戶獲利得益和愉悅），使忠誠不渝。
4. 爭取客戶口碑，願意協助我們拓展更寬廣的關係。

二是用心研究，掌握和滿足客戶需求的方法，包括：

1. 有效率地了解和掌握客戶的需求
2. 量身訂製地去滿足客戶的需要兩項。

有時候業績差，不是因為不努力，而是在工作價值和執行方法上，力行程度所產生的分野，或是不一樣的工作態度，譬如工作時的熱情。

有了清楚的掌握和瞭解後，便要思考區隔行銷的方式，也就是說用量身訂製的方式去獲利，只要是客戶在意的，都該用心地「大做文章」。

譬如說，如果針對女性消費者去規劃產品及服務的話，創造獨特的見解就是指：女性特別喜歡關懷家人、朋友、甚至於陌生人，所以行銷就是以女性所關心的人事物去切入，讓她記得你在乎她的想法、感受和為她著想的用心。而成為：「一想到……，就會想到你的情境印象。」如母親節的行銷企劃就可能：

1. 音樂會↓產品和生活的連結↓美好的經驗↓滲入生活和心中。

2. 有獎徵答↓教育消費者產品的用途和使用（以女性消費者的角度）↓鼓勵更有創意的運用方式和功能期待。

3. 家庭互動↓幫孩子傳情給媽媽（一種媽媽可能會喜歡的特別服務方式）。

4. 借力使力：異業結盟。只要能在目標客戶可能接觸得到的地方都出現。

5. 展現某種女性特質：真心真誠（真實呈現比呈現完美更受歡迎）。

雖然，每一個市場的屬性都有所不同，但關鍵的是，想要開發某種特性的客戶或是消費者，就要了解這族群的文化、風格、習性，量身訂製，進行高度個人化的規劃。請記住，對生命角色體認越了解和深入，就越能掌握和獲得人心。

5 精確掌握銷售過程中的互動

為了提高印象，加深我們對行銷過程中精確的掌握，並讓客戶滿意。尤其要了解到，服務滿意度，在業務員眼裡是業績提升的代名詞，所以超越期待的服務和商品使用程度上的信用保證是業務員常常在做的事。

行銷前，我們可以針對實際的銷售狀況去作檢討，尤其是令人印象深刻且成績卓越的銷售案例。確認幾個重點，包括投入關心爭取信賴的方式；運用並發揮行銷創意的活動；善用客戶在意事件，注意銷售與服務過程的各項細節，傳遞細心和尊重；強化客戶對你建立個人品牌形象，和專業導入銷售的智慧型行銷。

除此之外，以上的重點需注意下列幾個步驟：

1. 投入關心爭取信賴的方式：關心、察覺、同理心和良好的互動，詢問用途、目的和用法。
2. 專業導入銷售的智慧型行銷：運用傾聽和溝通，提供符合需求而不是講求正確的商品。
3. 強化客戶對你建立個人品牌形象：展示各同類型商品的異同優劣，並逐一分享經驗和故事並同步提供跨業的相關商品資訊。
4. 注意銷售與服務過程的各項細節，傳遞細心和尊重：給予使用指導、小回饋，並給予優質服務（真心對待）。
5. 善用客戶在意事件：做好客戶真心推薦和消費行為引導。

超越期待

請記住！提供合理的期待，然後再努力超越，會讓客戶滿意又愉悅。但，切記不要創造不可能實現或不合理、不合宜的期待，也切莫提供客戶不需要、覺得突兀、不搭調、畫蛇添足多餘的服務。例如，我常看到業務員會為了討好客戶，而去花錢去買蛋糕、買生日禮物、年底送桌曆等等，客戶會因為你做了這些貼心服務而再次肯定你嗎？

讓客戶超越期待，是指讓本來就想要的，卻得到更多、更大、更好、更快的效益。所提供的優惠、獎勵、激勵，也必須是客戶認為有增加價值的附加項目，才算超越期待，當然，服務也是如此。因此，在銷售過程中，我們必須學習分辨客戶的基本期待，就是做到你工作職責應盡的本份，提供專業上的告知和提醒；合理期待，就是在應有服務上的滿意；驚喜期待，就是瞭解客戶在意的、感受的，而提供不預期的滿足感等。千萬不要讓昨日的驚喜化作明日的理所當然，然後才懂得何時和如何獻上「超越期待」。

不要隨便作承諾

保證，也就是零風險的說法，雖然可以讓客戶安心，讓人心動和願意採取行動。但保證絕不是信口開河，必須是可行、做得到的，絕不可以愚弄客戶或食言而肥。而且你必須準備，萬一無效，客戶不滿意，便需有可以更換或優惠上的抵減，免費修補或是依合約退費等的補救措施。

行銷是一種動態的市場調查

秉持銷售是一種動態市場調查的理念，你需要蒐集市場中正在發生的一切事情，並用各式各樣的方法來測試會有怎樣的效果。另外，去尋找需要你去服務的特定人群，設法知道他們現在想些什麼，知道該怎樣去吸引、觸動他們，讓他們獲益、得利和感到愉悅。

改變客戶的原因

請記住，客戶在購買商品與接受服務的過程中，反應出來的，往往正是你對客戶的誠意。而這樣的誠意，就可能影響到他對你的印象，日後，會不會再繼續成為你的客戶。以下幾個簡單的評估項目，代表的也是改變客戶消費行為的變動因素：

1. 可否提供快速而且適切的服務？
2. 是否有比從前或他人更值得消費的理由？
3. 是否有更符合客戶的需要、更體貼的商品或服務？
4. 是否有更多樣易於取代高的商品？是否更有效果、更有保障？
5. 是否更多選擇的彈性？是否可以延伸更多服務？

自然地完成交易

想要在愉快經驗的共享中完成交易，行銷過程就是要流暢而自然。那麼，就必須做到客戶的需求是被「技巧性」的提醒，怎麼做到呢？有以下幾個重要的方法。

1. **傾聽和觀察**：我明白你想要的，你知道我有能力做到。
2. **對話和信賴**：彼此買賣關係建立在口碑與價值上，而其中最主要的關鍵，就是做到凡事都是以客戶的眼睛和角度來決定，讓客戶深刻體會「我們在意的是您和您的需要」這話的真諦。
3. **行銷技巧與服務**：正確的方法比「用力」來得重要而有效。

懂得客戶心理（知道他是誰）

之所以要懂得客戶心理，除了針對需求，提出最適當的產品，提供客戶作選擇外，還要知道，你要的是進行價值的分享和運用，而不是只想促銷、推銷或施壓。

A. 不必炫耀自己在工作中有多高的身份、成就和地位，也不必有比他人優秀的優越感。

B. 了解客戶害怕別人瞧不起的感受。

C. 人們擁有利他心、正義感、光明面的面向。

D. 要懂得察言觀色，不輕言拒絕客戶。「不」字雖然簡單、直接，但強烈拒絕容易讓人不悅，你可以隨時變換技巧去表達我們無法提供的服務，至少我們多方嘗試努力，客戶是可以感受到的。

6

對客戶做到將心比心的溝通、聆聽與交談

與人閒聊，不只是客氣、禮貌，是要像朋友般地發自內心和他相處，透過中肯的對話，使人印象深刻。因此，掌握與人相處的小偏方，特別是與客戶之間的溝通，不僅可以避免衝突，還能成為拓展人脈的利器。

正確的溝通態度

1. 明白別人就是我的鏡子，是來協助我找出問題、解決問題，所以不需要對他表示

喜惡，不可因個人的喜惡而影響溝通的目的。在傾聽時，抱持開放坦然的態度面對，即使各持立場、各抒己見、互相批評或堅持，也不宜有對抗、忽視、攻訐、否定對方的態度和行為。除了感謝，需要聽內容來了解、驗證，不是看表情和表現的。

2. 表達意見應說明自己的立論、依據，用尊重的態度接受質疑和提醒。不要因怕自己不善表達、不善處理於尷尬、指責、挑剔、鄙視、取笑而放棄說明自己的想法。

3. 回答別人詢問前，最好重新摘述別人的問題，得到確認後，再作正面的回答，千萬別作無謂的辯駁或反諷。儘可能地了解別人所說的，和使人了解自己所說的話。萬一遇到被人攻訐、責難時，請以「很抱歉讓您誤解，我的意思是……」來回應，而不是強力反駁。

4. 不要忽略在別人談話中，有一些肢體語言、表情、隱喻和所要傳達的訊息。

5. 溝通就要有隨時可以「因有道理而願意改變自己原有的想法、看法」的心理準備。

正確地聆聽

1. 全神貫注的看著對方。
2. 仔細聆聽對方的用語用詞。
3. 把你所聽到的重複一次。
4. 同意對方合理的情緒和感受，譬如說：「這一定讓你很……」。
5. 「多用我、少用你」回應法，譬如說：「我覺得……、我想……、我了解……」。
6. 讓他感覺你和對方站在同一邊。
7. 設法讓對方了解，目前正準備或已採取的行為會有怎樣的結果？（好壞讓他自己評估）

交談要領

1. 儘量避免言不及義、空洞、瑣碎又囉嗦的話，寧缺勿濫。

2. 交談是交換談論，別唱獨角戲，設法丟出問題讓別人說話和發表意見。

3. 交談不是審問，不應「打破砂鍋問到底」，讓人有難堪尷尬的感覺。

4. 別讓自己的表白變成吹噓，讓人感覺不舒服和無法信任的地步。

5. 勿交淺言深。彼此交情未達無所不談、無話不說時，不宜交淺言深，會讓人感覺你不體諒人、不知輕重的不良印象。

6. 交談是彼此交換看法、意見、想法，不是強灌自己的認知，在別人身上，故不宜像演講一般。說話要有來有往，在良好而平衡的模式下相處。

7. 認識不代表彼此就自動成為朋友。切忌自以為是表現出理所當然或隨便，將使人更與你疏遠或負面地評價。

8. 每個人都會認為他所遭遇到的問題是最嚴重、緊急的，試著用這樣的心情來互動，就能掌握箇中要訣。盡力作到比他想要的多、快、早一些，使對方驚喜於你的週到。若能記錄其特殊習慣、偏好、往來紀錄，就更得心應手了。

成功與人溝通的要素

1. 掌握時間要迅速反應：別浪費別人和自己的時間。
2. 個人化的溝通：多稱呼對方的名字和頭銜，使之感到受尊重。
3. 說重點：除了不浪費時間外，就對方的利益、需要去下功夫了解，才是真本事。
4. 懂得適時表達感謝：使對方覺得值得談、值得見。
5. 讓對方用積極、正面、簡單、便利的方式來回應你。

將心比心

想要做到「我能體會你的感受，也理解你現在最需要的是什麼。」就必須：

一、做到「客戶至上」的考量：

(1) 把賣方消費的判斷轉變到買方的角度。試著去想，客戶為什麼要買？抱怨甚麼？為什麼要不斷地買？

(2) 把商品的特色、優點，轉變成提供價值給客戶。思考一下；有了它可以做什麼？

(3) 把一般適用規則，轉變成針對不同對象做不同的用途（法）。

二、設法協助客戶解決問題的態度：（這就是銷售核心能力具體的運用時機）

(1) 如果我是客戶，我會希望得到怎樣的服務和哪些協助？

(2) 用溫馨友善地態度來傾聽了解問題和印證感知。

(3) 發自內心誠意地對待別人、給與關懷，盡力協助解決客戶的問題。

(4) 給予平靜、穩定的力量和注意。使負面的感覺轉為正面的思考和情勢。

當你能掌握到上述幾項要訣後，不僅可以讓自己擁有更多的能力去面對競爭，還能使自己更有效率地去經營和開拓市場。因此，就能持續擁有亮麗的業績，自然就能使所屬單位及公司更認同自身能力，更有精神去充實自己，讓自己更能享受工作、生活和生命，實現自我價值和願景。

7 取得客戶的信任

面對客戶時，你必須以積極樂觀的態度去調整自己，抱持著可以為客戶作些什麼的念頭，協助他，讓他生活得更好。「以客為尊」這話，看起來簡單，卻是非常切合實際，一切都是站在客戶的立場考量。

客戶最在意的是什麼？

感受：能否感受到尊榮、低風險、信賴和值得？

內心深層的需求：快、正確、方便、簡單……。服務效率、反應時間、商品的使用經驗等，是否為必要的購買？

如何讓客戶接受你

不必是最好、不必樣樣精通，但必是與眾不同，尤其是在專注的領域中，或者是滿足客戶的基本需求，因而讓他產生「只有你能……」的念頭；又或者是提供非常特別的服務，是這個領域中第一個做到、唯一做到的人。

對自己尊敬且自己也喜歡的客戶，付出長期、高品質的服務，換句話說，你可以選擇小眾為服務對象，專注在那些正好需要你能力的人。此外，也要能確實且精準地為別人解決問題，但又不忘藉由各種機會，譬如公開宣傳、出書、演講、舉辦講座的機會，經常且設法讓別人注意到你。

或者，當你是唯一的時候，就可以決定市場價格；並試著不斷發揮你自己的專業工作創意，即使是從尋常的事物裡，只要集中精力，就可以作進一步的發揮。

要訣：

是什麼讓自己在客戶的眼裡顯得特別有價值？

對客戶而言，什麼是你可以提供給他的？省時、方便、容易快速回應、可靠、節省資源、增加生活情趣、致富？

為什麼該接受你的服務？或者簡要的介紹自己和公司的背景、優勢和以往表現。

爭取認同。用使人獲利得益和愉悅的特質，告訴他，該如何準備財富、進行保險理財，當然也可以用觀念來引導。

價值觀的闡述和交流——如何帶給別人幸福？

——獨特性（只有我能提供的優點）。

——利益導向（帶給客戶怎樣的利益）。

——如何讓你的優勢變成客戶願意採納的賣點。

8 成為客戶歡迎和信賴的夥伴

想要贏得客戶的信任，最重要的是，成為受人歡迎，讓人可以信賴的夥伴，在這樣的要求下，你必須具備下列幾項條件：

1. 成為擁有學習能力高的人，流利的溝通能力、良好地傾聽技巧和態度。
2. 擁有組織彈性工作能力。勇於嘗試、勇於接受新事物和文化。
3. 主動尋求生活更高品質的提昇。強烈的工作動機和使命感，不向命運低頭、堅毅的勇氣。工作態度就是：「要做的事就做到最好」（仔細不馬虎、親切、周到、不嫌棄），讓公司主管、同事和客戶喜歡與你相處。

4. 大量閱讀和培養思考，並有效地運用知識和技能。

5. 有反省能力才會有競爭力，在不同的情勢中尋求自己的利基。

6. 準時、守約、精準、合作、努力、實際、講理。

7. 生活有趣、有意義；藉由旅行增長見聞，然後具有令人懾服的創意。

8. 了解自己，做好定位；了解他人，關心、寬容、包容別人。

客戶關係發展的核心──信賴和接受

1. 記住你與客戶隨時都置身在行銷的流程中，讓客戶置身在愉悅中。

2. 與客戶互動時，應該樂於聆聽、適當的反應、鼓勵的表情和眼神，注意他所說的每一句話。

3. 挑選自己喜歡或樂於親近的客戶族群。

4. 叫得出客戶的名字和說得出與他有關的事務。

5. 建立良好、安全、可靠而可信、專業而週到的互動關係，在愉悅的氣氛中，形成信賴的關係。

6. 透過主動或被動的詢問，創造利於行銷的機會，並藉此塑造專業的形象。

7. 經常用書信、電話、簡訊、傳真、Email，加強彼此間的聯繫，必要時，更要親自出現。同時，積極地表現，訴說你的行銷故事，表現你令人安心的專業，以及持續用心對客戶提供貢獻。

技巧篇

- 開口的話術
- 掌握自己、客戶的定位
- 實際操作時如何區隔客戶
- 如何運用創意

CRM

Customer Relationship Management

1 掌握正確的觀念、做好評估的工作

業務銷售的首要工作，必須先了解，八〇／二〇法則裡業績的呈現通常是百分之八十的績效掌握在百分之二十客戶的貢獻。我在工作領域裡，分析了四百三十七位客戶的問卷後發現，客戶對於商品的購買，有百分之二十是來自於業務人員專業建議，百分之八十則是來自於彼此關係上的連結。如果是關係經營不佳的客戶，你再繼續投入更多的時間，也只是耗費時間，你花了再多的時間去鑽研專業知識，客戶還是會找這領域的專家，沒有任何預期的效果表現出來。曾經，我幫了客戶建議信託和節稅的計畫，客戶也認為非常有道理而且專業，但是對於商品的提供建議，客戶覺得應該找他自己的會計師商量一下比較妥當！費了好大一番功夫後，還是鎩羽而歸。現在回想起來，或許當時應該專注在關係的經營而不是關注在知識的提供。

我建議，唯有找出你目前的經營現狀，和經營目標市場的企圖心，讓你和目標市場定位與自我行銷價值的判斷一致化之下，再取得和重要客戶的對話方式，爭取重要客戶與自己建立的信任關係產生認同，才能真正發揮功效。

此外，還需注意的是，經營現有的客戶或市場，比重新再開發市場還來得有用。因此，在經營過程中，必須著重在整體的市場計畫上，包括：

1. 思考目前主要潛力客戶群、競爭者市場在哪？我要提供什麼專業上的建議？要投入多少時間成本去獲取最大利益？
2. 自己要如何定位自我的知名度、優勢和價值評估？
3. 找出符合客戶（利益、期待）的需求所在？
4. 如何發展原市場再開發新客戶的擴展計畫？包括如何讓引薦者推薦新的客戶或團體？

5. 如何維繫老客戶的鞏固深耕計畫，包括如何重新經營？用什麼方式？
6. 如何加強與客戶的互動與發揮你的創意計畫？
7. 你要花多少成本與時間配置？

請切記！客戶關係管理的要訣，就是經營任何有可能的關係發展，你必須了解首要大事就是「清楚明白應接觸哪些客戶？」如果能夠明白、掌握要與你發展既長久又穩固關係的對象，那麼你事業發展就成功了一半。所以你要把所有的客戶清楚了解過，再來看看會與你發展出各種關係的人有哪些？這些客戶都會是你「生命中的貴人」和「事業中的良人」，如此一來，你的工作會帶給你是既成功又幸福的際遇。

當然，你的客戶群發展到現在會有「好客戶」、「一般客戶」、和「失聯客戶」這些狀態發生，但是你必須要明白，所謂的好客戶定義是什麼？有多少位？你對待一般客戶和好客戶有區別嗎？你對失聯客戶的產生會有警覺嗎？所以在後面幾節會提到如何去經營你的客戶。

你尤其必須用心經營的三種客戶：一、鎖定的客戶。二、失聯客戶。三、被推薦的潛在客戶。

先作分類，取捨現有一般客戶市場及經營客戶

對於我們所擁有的客戶群，首先你必須確認「經營客戶」的過程，先懂得整理目前客戶的資料檔案，並要建立每位客戶獨立檔案的概念；在此，曾有學生問我，是不是每位客戶都要有一份文件夾？是的，要有資料庫的概念和想法就把你的客戶建立應有的檔案，包括拜訪紀錄文件、所有該客戶經辦事項、你寄發出的每一項文件等等，都要在獨立檔案裡存檔。

所以，你要對客戶開發的想法徹底改變，舊有客戶在建立資料檔案的同時，你會慢慢了解，你的客戶群檔案資料建立的不齊備和拜訪紀錄的不詳實，光了解既有的客戶就有的忙了，不用一味認為開發新客戶比較重要；還有，面對和你關係欠佳與久未聯繫的客戶，都需要思考挽回或再聯繫；越是深入了解客戶，對於「擴大人脈」和「增加客源」的認知，你會發覺資源掌握再利用的孰輕孰重，目標導向市場和行銷模式就有清楚脈絡了。

理解經營客戶的基本概念後，要先瞭解你的客戶是怎麼發展出來的？誰介紹誰？彼此是什麼關係？為什麼會介紹推薦？或許要你說明幾位客戶的成交由來很清楚，但是對所有客戶群的來源始末，會依照工作時間和客戶量的增加而日漸複雜，所以要了解客戶間的成交後連接關係，就要有客戶關係圖的概念；理論上，所謂的客戶關係圖，來自於社會學的社會資本（Social Capital）人脈關係網絡圖，在這基礎下，我把這樣的人脈網絡圖發展出客戶關係圖（見二〇八頁圖五—一）。

3 客戶關係管理的重點及實施步驟

客戶關係管理的必備功課：畫客戶關係圖、分析市場與分類客戶、聯絡失聯客戶、自我簡歷、客戶推薦函、運用問卷建立資料庫、自我實查。

在製作客戶關係圖之前，要先了解關係圖中各個連接客戶的節點（Tie），這些節點的連接因素是甚麼？親戚？朋友？介紹推薦？……首先必須了解客戶群的人脈網絡和彼此關係會產生交集？這是我通常在教學會問學生的問題，你怎麼知道因為是這樣的關係才會購買商品？

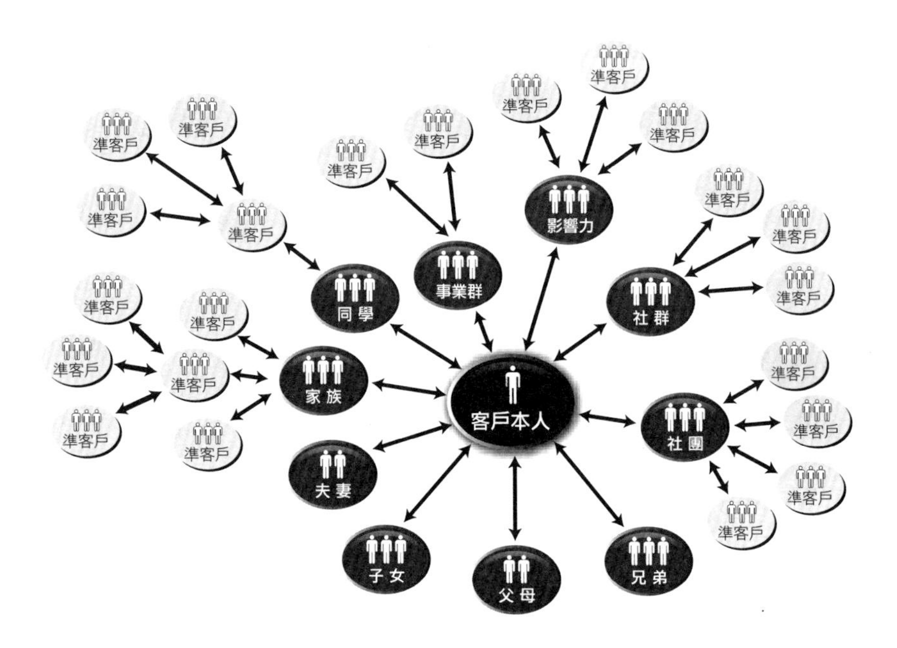

圖 5-1　客戶的人脈關係圖

所以，進行建立相關群組是製作關係圖重要的關鍵因素。你會將此依循的步驟來分析現有的客戶和群組，並找尋核心客戶在哪裡，以及清楚建立自我的銷售系統等。

釐清幾個重要觀念

市場績效面：

1. 公司和我自己的業績分別為何？
2. 來自新舊客戶的業績分別有多少？主要客戶之交易額和複購率為何？
3. 感覺到現在面對的環境、困境、挑戰是什麼嗎？知道怎樣去突破嗎？
4. 誰是我的競爭對手？有什麼是我所沒有的？針對對方的優勢該如何應對？

客戶開發面：

1. 能否迅速精算客戶的終身價值和客戶分類？
2. 我們的市場潛力多大？佔有率多少？開發新客戶的成本約是多少？
3. 我們的客戶耗損率有多少？理由為何？
4. 我用怎樣的方式和策略來增加客源、發展市場？
5. 主要客戶的來源為何（方式和技巧）、分佈的區域、職業、位階如何？
6. 該用什麼方式去得知客戶姓名、電話、住址等資料？
7. 該用什麼方式和在哪裡可以獲得更多可光明正大使用的客戶資料？
8. 可否具體扼要地說明自己的事業：賣什麼？如何賣？賣給誰？

客戶關係面：

1. 非同業但成功的朋友有哪些人？自己能與哪些人有互利的互動？

2. 常到什麼地方去接近成功者和傾聽成功經驗和創意？

3. 自己最成功、最有代表性的案例為何？

4. 隔多久回顧一次和客戶互動的狀況？怎樣處理久未互動或不良互動？

5. 客戶真正要什麼？為何而買？為何選擇向我購買？

6. 客戶的採購行為是獨家還是分屬？了解原因嗎？

7. 自己與客戶互動的密度如何？現在投入在實際接觸客戶的質量如何？

客戶服務：

1. 有讓客戶知道我們如何善盡服務、滿足、協助客戶的方式是什麼嗎？

2. 自己是否很有智慧的勇於請求客戶的推薦？

3. 自己的客戶能和哪些人共享共有？

4. 會在什麼情況下把客戶推向到我們的競爭對手？

5. 客戶的抱怨多嗎？內容有哪些？都怎麼解決和追蹤？

6. 用怎樣的方式來了解客戶的需要、動態？記錄方式為何？

7. 有沒有和客戶不斷地溝通、接觸，促成更多交易的創意和巧思？

分析現有市場的方法和要訣

客戶關係圖分析必須包括連結客戶發展關係、建立群組、分析現有客戶、找尋價值型的核心客戶、建立服務系統、檢視和研究工作品質。

連接客戶發展關係：

在客戶關係圖中會發現，發展客戶連接關係不管有多少層級，每位客戶與所轉介的客戶發展只有兩層關係（因為客戶只轉介直接熟識的人），所以我們要注意第一層與第二層關係，第二層與第三層關係⋯於此類推；綜覽全圖知道各客戶群組發展趨勢歷程，這麼做的目的不僅是要了解自己在發展關係中的優缺點，更重要的是，現況市場的分析。

因此，分析過程中，必須注意兩個問題，一是有無限可能的再信任關係，可作為深度開發的層級；二是客戶轉介熟識人脈關係的寬度延伸。什麼是客戶的深度開發呢？就是提升客戶複購率，而複購率提升的機會在於人身終身價值，例如金融商品可以讓客戶感受到未來生活品質的提升、家庭的價值提升需求，例如因為子女的出生而做的生活準備、關懷家人的照顧需求，例如全家的凝聚而購買家庭第二部車、預演未來的準備，例如退休的安排規劃等。而客戶的寬度延長，最主要是發展群聚市場，群聚市場的解釋是，除了單一客戶人脈的轉介市場外，探詢客戶個人資料庫裡的喜好活動找出共同嗜好與興趣的人，然後在建立群聚發展關係的介面上找尋關鍵人物、了解聚落層級（由上而下）、發展周邊關係與資訊、提供一致化商品與服務、定期檢視服務資訊並蒐集、提供自己可以發揮作用的連接性資訊與活動。

建立群組：

群組是指在同一型，所歸類的群聚關係，譬如保單資訊就包括購買費用、商品種類、購入日期，購入基金類型與金額及標的，還有性向類型（參考一〇八頁），以及當初購入目的、購買想法和族群關係等，都是可以分類的課題。

分析現有客戶群組：

依照各群組關係上的分類，或是將各分類客戶，依據各群組剪下該客戶群組或是群組關係發展圖，來了解該客戶所購買總和的貢獻度，該客戶所連接各層級的關係來龍去脈為何？按照群組關係圖，你還可以發現甚麼業務開拓機會？找出各層關係後，發掘出其中重要的關鍵人物，並使用原始檔案或整理後的文件檔，列出欲拜訪的對象。

找尋價值型的核心客戶：

價值型的核心客戶是指將來預備要深耕的對象，因此是指有潛在購買率或是複購率高的客戶，或是人脈關係好的客戶，但不一定是熱誠的客戶；價值型核心客戶每年都要汰換一次，或是有一定比率的汰換；核心客戶不是觀察或是感覺得來的，而是在經營過程中，就像朋友般親暱和熟悉，或是像是無可取代的客戶一樣；重點是，經營核心客戶是要他們對你忠誠，而不能僅僅只是滿意而已。

建立服務系統：

有許多業務員往往把公司賦予你工作職責當作是售後服務，譬如說購車後要進廠保養，到底保養的流程是服務，還是保養過程感受的提供是服務呢？再者，購買金融商品後提供後續金融資訊，這是服務還是工作職責呢？這些的概念常常被業務員提出來討論。

服務系統的建立，首先，要規劃價值型的核心客戶與一般客戶的區別；服務的前提是投其所好，而不是亂槍打鳥，更不是通通有獎，基本上服務目的是提升績效，所以追求服務高價值就是複購率及轉介率的提升；對於價值型的核心客戶，絕對是要親力親為作服務，一般客戶則再區分為滿意度客戶與一般類型客戶，建立標準服務模式，或是透

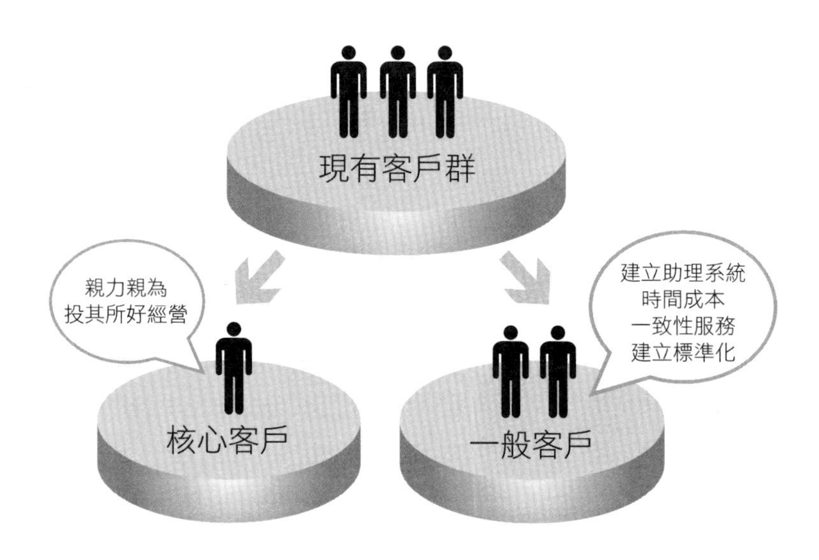

圖 5-2　現有客戶的分類與服務系統的差異

過助理經營一般客戶使用效率高的方式處理；服務系統的建立，更要根據客戶資料庫內容而設計差異化的有感服務為依歸。

至於最重要的核心客戶，也需依照初步觀察模式，區分成各種類別，包括親自接觸與評估過濾後產生，目前沒有再想要購買、關係佳影響力大、有再購能力、有推介力、發展族群關係等類型。最後，再依序經過訪前規劃、拜訪紀錄、建立資料庫、建立篩選標準後建立一般客戶、滿意度客戶及核心客戶等過程。

檢視和研究工作品質

業務員在心理上比較容易直觀判斷，工作上最重要是業績結束前要拿出成績，對於紀錄的事情總是覺得繁瑣，或是認為不重要。更遑論作資料分析。

業務銷售成敗端賴是否朝正確的方向前進，我必須要提醒你的事是，分析的目的只是要你做事情更精準，讓數字告訴你哪裡做錯了，哪裡需要改進？所以在記錄過程中，要定期將過去某期間的工作狀況試算看看，不要浪費在不必要的成本上，內容必須包括：舊客戶數、新客戶數、流失數、推薦量、總拜訪量、總成交量、新成交量（率）、推薦成交量（率）、續購量（率）。

4 有效掌握客戶，精確促進業績的方法

首先，一定要做的是，先確認自己的客戶在哪裡？千萬不要小看這件事，「有一個專注的目標，才能把事情做好！」這件事，說起來雖然簡單，卻是放諸四海都適用，只是常被人忽略罷了！

確認客戶時，首先要收集的就是這些客戶的名單、聯絡方式，以及每個人在公司內的職位與重要性；甚至還可以利用組織圖，更清楚地掌握他在企業內部的層級關係，了解誰向誰報告、誰有決策參與權、影響力有多大，透過他掌握更多的人脈，開發客源。

不過，最主要還是要焦點聚集在原本的客戶身上。

區隔客戶

1. 最具價值的客戶：這類客戶是最主要的訴求對象，一旦流失，將對獲利造成明顯的影響。
2. 最具成長潛力的客戶：這類客戶是指，只要是可以採取主動行銷攻勢，就可以增加績效，或是促進雙方的交易往來。
3. 不具開發價值的客戶：這類客戶的特色是，表面上看起來似乎是能促進業績，或是對企業帶來獲利，但，估算成本後，卻遠不及自己所付出的一切，或者對業務員來說，價值遠低於自身所提供的產品和服務。

業績開發從哪裡來？很大一部份是來自於未開發的原客戶、原客戶再開發、失聯或是流失的，以及真正新開發的客戶。

雖然在業務經營實際的領會下，客戶區隔為：有價值、成長潛力和不具開發價值的客戶，但是在消費行為的購後服務分類上，則產生三種經營類型的客戶，包括一般客戶、核心客戶和失聯客戶，這也是在本文裡要闡述操作的主要部份。因此在經營過程中，也必須掌握其中的特點，作策略性的規劃運用再購買與轉介的方法。

一般客戶：全面接觸，不放棄任何機會

不一定事事都需親自處理，只要讓客戶知道你的工作態度，讓他相信你會處理他的需要、讓他明白助理或快遞能處理事情、讓他知道你會不定期拜訪他、讓他瞭解你的助理能很清楚自己所想要表達以及處理客戶的方式、讓他相信你已經在服務的過程中建立系統化和一致化。

價值型核心客戶：鎖定特定的客戶族群，不浪費時間在非客戶的經營上

一定要很了解客戶，並親力親為的處理事情，讓客戶知道你的工作態度、讓他相信你會處理他的需要、讓他明白你了解他的想法並會盡全力解決擔心的事、讓他知道你常

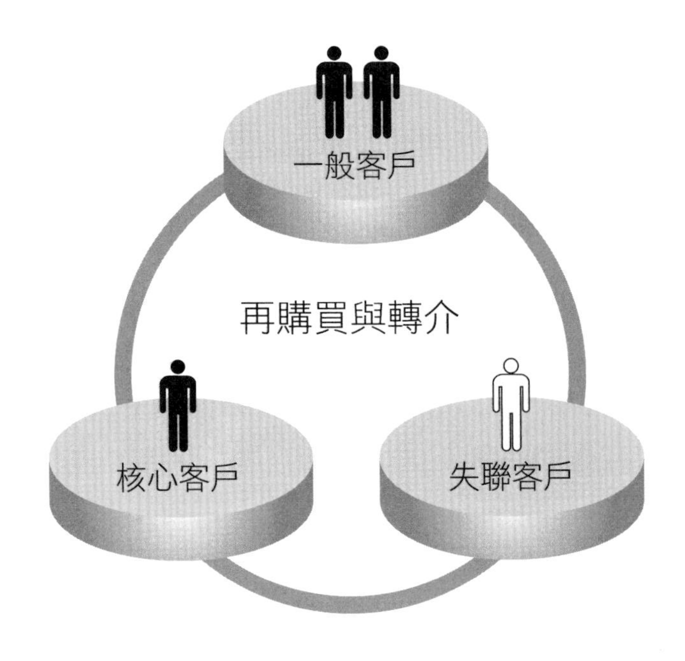

圖 5-3　三種經營客戶類型

常會拜訪他、讓他很清楚你要表達安排他的方式、讓他在服務過程中瞭解他和別人是不一樣的。

並讓核心客戶明確知道你所能提供的服務內容和範圍，進而引發核心客戶對你的認同，給予轉介的對象；另方面，也可以透過感動式的銷售，讓客戶覺得你是他的好友，應該給予支持與協助，引導他積極地為推薦作努力。

失聯客戶：抱著不要失去市場的原則和方式來站穩市場

失聯客戶形成的主要原因有四，一是因故暫不需要、猶豫、或受人左右而失聯者；二是因為發生不愉快的事，譬如誤會、態度、處理不當或輕忽等，而中止彼此間的互動和聯繫；三是因一方或雙方的情況發生變化，如客戶需求、層級等變動，導致無法再繼續服務而產生失聯；四則是因為業務員久未聯絡，擔心客戶責備而失聯。

面對失聯客戶，沒有別的方法和訣竅，就是道歉。請記住，客戶都是你的寶藏，你若不去挖掘就是別人幫你挖，而且，只要有聯絡上之後，就沒有什麼好害怕的。再者，從認識的人當中去爭取的機會，總比重新開發好得多，因此自己一定要重新拜訪，不能假手他人，給自己和客戶一個重新開始的機會。

所以在經營失聯客戶的流程中，必須做到主動說明、徵詢、化解、坦然面對尷尬以及坦言自己的缺失，並且談話焦點可轉移到對客戶利益的再加強，或者表示自己該為這樣的中止互動和失去聯繫作些道歉與補償。

忠誠客戶：可以透過資料研究進一步作篩選

1. 讓自己獲得最多利益的客戶是怎樣的族群？
2. 他們的特質如何？
   —收入、社經背景、偏好、統計學上的特質
   —喜愛的活動／方式／場合／人群
   —價值觀／認同的事物
3. 他們以往最喜歡的產品和服務為何？

4. 他們認為最有價值的產品和服務為何？經常會有哪些額外服務和要求？
5. 讓自己獲得最多利益的產品和服務有哪些？

與客戶進行互動

隨著網路成為快速、有效的溝通工具後，許多人發現，可以互動的客戶範圍擴大了，不僅是個人，透過便捷的網路社交系統，大幅突破地域上的限制；另方面，對企業來說，以往的即時互動溝通服務只能提供給大型企業客戶，現在卻可以進一步擴大到小型企業客戶了。

此外，在尋找到屬於自己可以經營的客戶時，必須準備可以讓人印象深刻自我推薦的方法，在自我介紹詞的部分，必須包括姓名、專長、過去的成績及表現、特色和印象。但，這些只是初步的基本架構，更重要的是，內容必須囊括有能力也有意願服務的對象條件，還有在日後，取得客戶的信任時，希望對方能夠轉介時，可以提供完整的資料和具體的協助，如推薦名單和推薦信、幫忙親自打推薦電話，或是親自幫忙引薦。

不過，不管如何，初見面，在彼此都還不是很熟悉時，記得，一定要很正式地推薦自己。特別是用一分鐘的介紹詞，或是建立一份自我的簡歷和介紹函，說明自己是做什麼的，並設法了解客戶的需求和偏好、設法使對方沒有疑慮，實話實說、不欺騙，以實際的成績來成就自己的「品牌」，讓對方對你產生信賴感。

提供客製化的服務

發展一對一的客戶關係，必須具備的一項重要條件，就是能根據客戶需求來調整服務內容。企業若能提供這種量身訂做的彈性，將能塑造出產品與服務的獨特性，成功和競爭對手的產品與服務區隔，成為維持客戶忠誠度的重要關鍵。而業務銷售人員透過客戶訪查的資料，了解到具價值客戶心理的需求，進而提供商品以外的關懷、關注與貼心的服務感受。

迅速開啟客戶關係管理之門

在前述的篇幅已經把觀念和實戰部分做了闡述，大致上到目前為止，本篇會告訴你實作上的技巧；**客戶關係圖製作、價值型核心客戶與一般客戶的分析與分類、問卷拜訪與客戶資料庫管理、經營技巧**等四部分。

在客戶資料庫蒐集上，對於客戶的財務現狀、投資與項目、金額、目的、人生與家庭價值觀、業務員的觀察、家庭結構（成員數、年齡、關係）、生活型態（興趣嗜好、品味、社交活動）……等資料都要盡可能在拜訪時蒐集完備，最好可以整理成表格方便查閱、觀看，其他還有訪前規劃記錄表、篩選分類核心客戶、依據表格資料分析整理、推薦函與個人簡歷等。本文會同時附上相關資料以備查閱。

製作客戶關係圖

1. 運用公司提供的客戶資料或是自己建立資料庫，進行關係圖的繪製，或轉檔至Excel（最好是手繪）。在製作關係圖之前請參考附表圖示，在圖表中你必須準備幾項作業：客戶資料檔案（或客戶資料卡）、EXCEL或Freemind軟體、A4紙數張等。在製作關係圖裡，你必須很清楚的知道，這張圖表可以清楚揭示出客戶的發展脈絡，也對客戶的族群關係有深切的體認，再者，也可以了解你對客戶經營的深度為何？先把最早期成交客戶依序建立在軟體或紙張上，再去回憶有哪些客戶是被轉介紹出來的？

2. 將繪製圖中放入購買件數、商品種類、購入金額與時間，並請思考過去銷售的客戶，其購買原因，以及目前關係如何，還有任何已知資訊。這部分需要花點時間找出脈絡與紀錄、記憶，依照組織圖表畫出後，順便在各客戶的欄位做購買品項與價格註記，你的客戶越多，所做的過程就越複雜。

3. 將已知資料經群組與關係分析後，進行關係與群組的連接，連接時要注意的是，先不做任何假設。

4. 將客戶關係圖的層級關係連接後，再進行全圖綜覽，和各群組的相關分析。

價值型核心客戶與一般客戶的分析與分類

價值型核心客戶與一般客戶的分類，並不是以你平常的觀察來認知的；有許多學生問我，價值型的客戶指的是彼此常聯繫聊天？或是常常會購買或介紹購買的客戶是核心客戶？……我認為這回答只答對一半，當然，從貢獻的角度來看應該是，但是這問題存在著幾個盲點，其一，為什麼有些客戶你沒常聯繫但是卻會介紹客戶或再次購買？其二，為什麼常常連繫當成好朋友的客戶卻貢獻度不高？其三，為什麼你對於客戶再次購買或介紹客戶的理由不清楚？過去我們常常被訓練客戶分類成為ＡＢＣＤ四個級數，Ａ級是目前購買、Ｂ級是會考慮購買、Ｃ級是過一段時間才考慮購買、Ｄ級是根本不會購買。這樣的分類分級只是單純從購買因素考慮，而不是從經營客戶角度整體分析。

航空公司會依照客戶購買機票分類頭等艙、商務艙和經濟艙等級，所受的服務待遇從櫃檯 Check in 開始，不管是專人服務、專屬貴賓室或是艙等座椅區域大小等等，從這例子試想，業務人員對客戶的經營、服務、提供資訊、解決問題、時間配置等，是否也做所謂客戶貢獻度的區分？

價值型核心客戶與一般客戶的區別，必須是以客戶關係圖為本，觀察途徑是：

1. 客戶介紹層級：了解客戶所介紹的關係族譜，發展的來龍去脈，購買的時間和額度、商品為何？層級越多，族譜越茂盛代表為發展核心族群。
2. 客戶購買數量與金額：購買數額高的單一客戶及總數額高的族群關係。
3. 平常觀察人脈關係良好者
4. 平常觀察有潛力購買者

從以上途徑列出可經營的價值型核心客戶，其餘未列入名單為一般客戶群。

做好以上的基本功後，要去思考的問題是，所列出的價值型核心客戶有部分會跌破你的眼鏡。因為，在我們的思考模式下，通常只有片段記憶或是線性思考，直到做好關係圖後才會發現，原來過往發展的客戶關係圖模型是一個具體、全面、脈絡可循的圖像，原來自己業務的歷程是這麼豐富。

所以我們根據所列的價值型核心客戶進行「確認」的拜訪，「確認」甚麼呢？確認是否會成為你必須經營的客戶！

我們要了解一位熟識的朋友需要花時間認識了解，但是你又有多少時間與精力認識呢？你所認識的客戶真的熟悉與了解嗎？你了解客戶在意的人、事、物嗎？

最直接與快速了解客戶的想法就是問卷，請客戶就問卷內容進行了解客戶需求，比花時間旁敲側擊認識要省事多了。但是執行上必須注意的是，客戶與你認識的深淺會影響問卷內容的真實性，以及客戶大多不願就內容據實以告，以免自己心裡想法被探知而失去安全感，所以運用上必須先熟悉問卷內容再進行拜訪，好處是，每次的拜訪清楚有目的，就是蒐集客戶想法和需求，而不是要尋找提供資訊、提供新商品介紹或是給予小禮物機會等接觸客戶的方法。

在做法上的流程則是運用各式表格信函（問卷、自我介紹信函、簡歷表）接觸客戶，進行拜訪客戶的實際接觸對象，了解客戶工作、生活的背景與想法。評估自己對該客戶的感受能力是否準確？並進行訪前記錄分析，且事先擬定欲了解的資訊，做好詢問問題以便進一步作了解。拜訪後，做好記錄（以問卷與拜訪紀錄、各式與客戶接觸文件等建立資料庫），並確認分析資料是否正確？

帶著問卷去聊天蒐集資料

運用方式：

1. 運用二份問卷，A份是客戶評價業務員的感受，也讓價值型核心客戶對該業員了解過去被服務的看法。B份問卷設計是業務員要蒐集客戶的顯性與隱性資料兩種，在顯性問卷資料內容必須包括客戶對你服務的想法與感受，以及蒐集客戶對

客戶情報資料庫

編號：____________________

個人基本資料

填寫日期：民國_____年_____月_____日

・客戶姓名____________________ ・性別 □男 □女 ・出生日期 民國____年____月____日

・通訊地址____________________

・住家電話____________________ ・行動電話____________________

・電子信箱____________________

・教育程度 1.□國中及以下 2.□高中職 3.□專科 4.□大學 5.□研究所 6.□博士

・婚姻狀況 1.□未婚 2.□已婚 3.□其他____________

・宗教信仰 1.□佛教 2.□道教 3.□基督教 4.□天主教 5.□一貫道 6.□其他 ________ 7.□無

・種 族 1.□閩南人 2.□客家人 3.□外省人 ______ 4.□原住民 ______ 5.□其他 ________

・語 言 1.□國語 2.□閩南語 3.□客家話 4.□原住民語 ____________________

・兵 役 1.□陸軍 2.□空軍 3.□海軍 4.□憲兵 5.□海軍陸戰隊 6.□免役 7.□未服役 8.□無

・社 團 1.□服務性社團 名稱____________________

2.□宗教性社團 名稱____________________

3.□文藝性社團 名稱____________________

4.□其他 名稱____________________

5.無

・特殊才能 ____________________ 特殊關係 ____________________

工作資料

・職類別業 1.□軍公教 2.□農牧業 3.□建築工程業 4.□金融業 5.□一般服務業 6.□製造業

7.□科技業 8.□衛生保健業 9.□文教機關 10.□家庭管理 11.□治安人員 12.□其他

・職 位 1.□企業負責人 2.□高階主管 3.□中級主管 4.□基層主管

5.□一般員工 6.□其他：

・公司名稱____________________

・公司地址____________________

・公司電話____________________ 分機____________________

・電子信箱____________________

圖 5-4 問卷範例

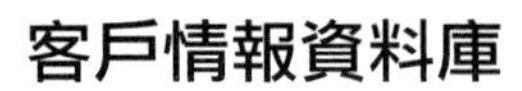

客戶情報資料庫

家庭結構資料

稱謂	姓名	性別	出生日期
1. ____________	/ ______________________	/ ________	/ 民國___年___月___日
2. ____________	/ ______________________	/ ________	/ 民國___年___月___日
3. ____________	/ ______________________	/ ________	/ 民國___年___月___日
4. ____________	/ ______________________	/ ________	/ 民國___年___月___日
5. ____________	/ ______________________	/ ________	/ 民國___年___月___日
6. ____________	/ ______________________	/ ________	/ 民國___年___月___日
7. ____________	/ ______________________	/ ________	/ 民國___年___月___日
8. ____________	/ ______________________	/ ________	/ 民國___年___月___日

財務狀況資料

・個人年收入　1.□40萬元以下　2.□40萬元~60萬元　3.□60萬元~80萬元　4.□80萬元~160萬元　5.□160萬元以上　6.□無

・個人月平均理財金額　1.□3千元以下　2.□3千元~5千元　3.□5千元~1萬元　4.□1萬元~2萬元　5.□2萬元~5萬元　6.□5萬元以上 7.□無

・理財工具　1.□定存　2.□傳統保險　3.□投資型保險　4.□共同基金　5.□標會　6.□債券　7.□股票　8.□期貨　9.□外匯　10.□不動產　11.□其他 ______________________

・家庭年收入　1.□72萬元以下　2.□72萬元~108萬元　3.□108萬元~144萬元　4.□144萬元~288萬元　5.□288萬元以上

・住屋情況　1.□自有　2.□租賃　3.□其他：

・房貸情況　1.□有，貸款金額 ____________ 萬元，每月還款金額約 ____________ 萬元　2.□有，無貸款　3.□無

・自有交通工具　1.□機車　2.□汽車，貸款金額 ____________ 萬元，每月還款金額約____________ 萬元　3.□無

圖 5-4　問卷範例（續）

客戶情報資料庫

休閒生活資料

・興　趣　1.□烹飪　2.□閱讀　3.□園藝　4.□逛街　5.□旅遊　6.□運動　7.□其他＿＿＿＿＿＿

・娛　樂　1.□讀書會　2.□電影欣賞　3.□戶外活動　4.□逛街　5.□其他＿＿＿＿＿＿＿＿

其他資料

・客戶您最在乎的人是誰？＿＿＿＿＿＿＿＿＿＿＿＿＿＿＿＿＿＿＿＿

・客戶您最常聯絡的家人／朋友是誰？＿＿＿＿＿＿＿＿＿＿＿＿＿＿＿

・客戶您最擔心的事是？＿＿＿＿＿＿＿＿＿＿＿＿＿＿＿＿＿＿＿＿＿

・客戶您最重視的日子是？（日期）＿＿＿＿＿＿＿＿＿＿＿＿＿＿＿＿

・客戶您最難忘的事？＿＿＿＿＿＿＿＿＿＿＿＿＿＿＿＿＿＿＿＿＿＿

・未來客戶您最想做的事？＿＿＿＿＿＿＿＿＿＿＿＿＿＿＿＿＿＿＿＿

・客戶您最主要的理財方式？＿＿＿＿＿＿＿＿＿＿＿＿＿＿＿＿＿＿＿

・如果有機會邀請客戶您出去，最想參加的活動是那些

□心靈類　□讀書會　□親子類　□旅遊類　□理財類　□健康類　□EQ類

□夫妻相處　□戶外活動　□電影欣賞　□人際關係　□其他＿＿＿＿＿＿＿＿

・希望聯絡方式　□電話　□親自面訪　□mail　□書信　□其他

・聯絡的場合　1.＿＿＿＿＿＿　2.＿＿＿＿＿＿　聯絡的頻率＿＿＿＿＿＿

・希望主動聯絡的時機　□權益更動　□新商品　□活動資訊　□新知　□隨意聊聊走走　□其他

・客戶您主動聯絡的時間　1.＿＿＿＿　2.＿＿＿＿　3.＿＿＿＿　4.＿＿＿＿

・客戶您希望　□固定做檢視　□固定做財務檢視　頻率＿＿＿＿＿＿＿＿＿＿

與服務人員關係

・與客戶的關係　1.□同學　2.□家人的朋友　3.□鄰居　4.□過去的同事　5.□孩提時代的朋友　6.□陌生拜訪　7.□姻親　8.□親戚　9.□社團朋友　10.□其他＿＿＿＿＿＿

・認識時間　1.□1年以內　2.□2-5年　3.□5年以上

・認識程度　1.□認識　2.□朋友　3.□熟識　4.□知己

・一年拜訪次數　1.□1-2次　2.□3-5次　3.□5次以上　4.□無

・最後一次購買時間　1.□1年以內　2.□2年　3.□3年　4.□3年以上

・最近可能再購買之屬性　1.□很低　2.□低　3.□高　4.□很高

圖 5-4　問卷範例（續）

旅遊、退休、子女教養、購屋、安養照顧等生活具體的做法與想法。隱性問卷資料則是蒐集價值觀、人生態度、在意的人、事、物的原因為何，喜歡或討厭被對待的感受等等，屬於內心探詢的層次。

2. A份問卷拜訪的理由可以說明了解客戶對業務員的滿意度調查，也透過這份問卷確認該客戶是否為價值型核心客戶？我在工作領域做了一份大規模客戶與業務員的問卷調查發現，業務員認定的最有價值核心客戶居然只佔了百分之二十二．七，而客戶認為和該業務員關係只有普通熟識程度佔了百分之二十．六，更深信業務員瞎忙在認為的核心客戶上，績效上卻沒有任何貢獻度。

3. B份問卷是要透過拜訪的過程裡清楚了解客戶的所有資訊與感受後，運用這些資訊分析安排價值型核心客戶有興趣且具感受的話題與活動，除了讓每次拜訪是有目的的蒐集客戶資訊外，也進一步的讓客戶感受你的真誠關心與關懷。

內容溝通的範例提供參考：

1. 詢問聯絡方式（電話、親自、mail、書信、App）接觸頻率。

2. 聯絡內容：

(1) 無須特別關照（有事會主動聯絡）。

(2) 活動資訊、商品新知、各式資料和權益變動請即通知。

3. 詢問客戶彼此稱呼的方式和覺得該改進或加強的地方。

4. 詢問推薦的可能性及如何推薦的理由。

5. 詢問日後希望能增加的服務和資訊：

(1) 多一些理財、保險（保本和增值）的資訊。

(2) 多一些聯誼活動。

(3) 其他建議。

6. 掌握「順便」調查資料的機會，許多業務員在蒐集整理客戶資料時，會錯失許多「順便」的機會，這會造成日後費時、費力的負荷，同時反而暴露出自己工作缺乏效率的缺失。你可以這麼做：

(1) 主動去電告知某些遺漏的訊息。

(2) 客戶主動來電詢問或催告事情。

(3) 恰巧遇見未約訪（或尚未約訪）的客戶。

經營技巧

價值型核心客戶與一般客戶做好區別後，要清楚地了解你的時間管理配當，過去你在客戶分類上，希望把每位客戶服務得面面俱到，但是實際做到又有多少？若不能讓有價值的核心客戶得到滿意的服務，或是你讓核心客戶與一般客戶享受同等待遇，那麼不會持續有好客戶、而一般客戶也不會有感受，最後，你的客戶來源會產生阻礙而影響到績效。

目前有許多開發客戶的書籍與課程，不外乎告訴你許多開發客戶技巧與客源、或是有許多服務類型的書籍會告訴你如何追求滿意度，本書則是提醒你回到銷售的本質——經營客戶。客戶是要被經營而不是被開發，試想，你若是客戶，會希望如何被對待呢？

6 掌握CRM技巧，取得行銷優勢

做好對自己的CRM定位

作為銷售人員必須要清楚定位是做好自己本分的工作，了解賦予你的角色。不要認為自己能包山包海解決客戶問題，要切記的是，我們的工作並不是解決客戶的問題，而是幫客戶釐清疑問並給予中肯的建議。

業務人員一直認為，應該要為客戶對自己的支持而盡心盡力的服務，但是工作時間有限又無法事必躬親的情況下，除了累死自己做到認為的服務價值外，客戶是否能領情呢？你在許多的成本因素下，績效是最終目的考量，那麼你必須對客戶進行差別服務的想法，這也是在前幾章節說明的理由。

此外，你也要善用自己的專業或服務優勢、對客戶做深入的了解，在綜觀關係圖裡較少往來又具備價值型核心條件的客戶，該再次拜訪就拜訪，該放下身段就要放下。對於處在激烈的競爭環境，要了解自己的優缺點才能參與競爭，也不要選擇逃避來迎接客戶的質疑或打擊，身心要有一致的表現。

我們都認為協助客戶的做好未來規劃是應該的作為，但是往往會為了面子會忽略客戶的想法，不懂就直接去請教客戶問清楚，不要預設自己的立場。你要知道，工作再怎麼努力，若未獲客戶重視就將徒勞無功，要去創造別人永遠無法取代的優勢，加深客戶對你的信任。在進行ＣＲＭ的操作時，要堅信「簡單的做不要太複雜」，首要進行資料庫完整和工作標準化是效率的表現，再接續拜訪客戶的過程感性處理，事前的準備與事後檢討要理性分析。

做好對客戶的CRM定位

客戶心目中有價值的業務人員是創造信任的口碑，這必定為你帶來可觀的機會。客戶對你的信任是經歷了長時間的觀察與滿足，而常做溝通、傾聽和分享是不二法門，若接受客戶的好意，別辦完事情就急著離開，那會讓客戶感受到現實降低信任感。

你要常蒐集客戶易感動的事，並讓客戶隨時可流露傷感的情境，並適度給予支持與鼓勵，真心對待客戶關心的感受把客戶放在心上，這是在競爭環境下，同理心遠勝過專業，也是獲取信任的最佳良方。

常常以客戶的立場，用客戶的語言來說明你的想法和建議，同理心可用在討論議題的攻守之間，你要先同理再說道理，讓客戶領會我們是站在同一陣線，並隨時保持良好的互動，也要留意客戶周遭發生一切可能的機會，適當的對客戶做出回饋與激勵。

行銷過程中，經常地檢視和思考：

1. 檢視自己的優勢（樂於……、能夠……）。
2. 確定應該鎖定的客戶群和條件、開發潛在客戶的創意。
3. 各種書信與電話腳本的內容設計。
4. 建立每位客戶的專屬資料夾。
5. 接觸和接近客戶的話題和創意活動。
6. 彙整拜訪年度內欲進行的客戶的所有資料（基本、交易、互動、服務、一切異動）。
7. 完成價值型客戶的拜訪日誌，做好客戶拜訪、資料更新、客戶分級。
8. 規劃客戶忠誠計畫（例如，專屬客戶旅遊、感恩茶會）。

在前些章節已經提到經營客戶面的想法，在以下更就技巧面區分成三大區塊，市場開拓面、轉介話術面、創意銷售面來敘述。

客戶關係圖裡可以發現，可經營發展的市場類型有：族群市場、職域或職場、家族市場、銷售類型、議題、生活需求、資產移轉話題等。這不單單是從客戶角度去看，而是從樹狀圖型可以延伸看出一些端倪，除了銷售產品或轉介紹客戶外，你必須對客戶更深入的瞭解，方才能做其他客層類型的操作。

你也可以運用客層類型的操作，來提升銷售能力的技巧，例如：掌握商品設計的趨勢與結構、發展銷售利基市場、提升銷售額能力、市場區分、提升自我的專業、技巧、服務能力等。

另方面，可以運用本人另一本著作《333銷售心法》的反問技巧法，找出可能對客戶生活影響的想法，去喚醒客戶心中的疑惑點，並串連出討論的話題，內容包括：

時間因素：過去、現在、未來。

共通話題：生活、工作、家庭。

心理因素：恐懼、擔心、害怕。

生活過程：責任、負擔、結果。

舉例：實際操作時，你該怎麼做？

依族群市場來區分：

如以同學或同事等市場來經營，可採用小型座談會或說明會方式，會中並針對該族群有興趣的主題作切入。最好能以財務相關需求的話題作切入，並將有關話題準備書面資料，運用讀書會或午茶的方式輕鬆進行，或者也可以用ＤＭ引發興趣後再個別約訪。

依職域或職場來區分：

如針對公司行號或社團經營，以說明會的方式進行，要先用新資訊或有關興趣的話切入。重點是自己獨立進行，勿假手他人，製作書面及簡報檔案，並製作簡單的宣傳單或商品來引發興趣，務必要展現專業性的「演出」。

依家族市場來區分：

經營除本人以外的家族客戶時，邀約進行以家族性聚會或個別的拜訪方式進行，突顯個人理財與財務規劃議題，或家族面對的困難議題給予協助，會中還可給予現金流量的概念或作家族現金流活動來引發興趣，但不建議做ＤＭ的方式進行。

依銷售類型來區分：

將商品做結構性了解，盡量不以買與賣做切入話題，可以以種類做一分類，或者依照年齡性別，把主要銷售的商品及特定年齡做統計，並將統計數字彙整，做一個簡表進行查閱、活用議題，突顯商品的解決之道。

依議題來區分：

尋找各市場及活動有相關之話題，作為一對一、一對多經營參考；如二代健保、退休、品酒、藝術賞析等，蒐集書面及檔案資料做適當對象的彙整；議題最後一定要有解決方案。

依特定話題的需求來區分：

做相關話題簡報，對象以關係圖分析後經營對象為主，盡量在資料提到例子，解決前或解決後之差異點，可運用銷售流量表或活動來引發興趣。

依客戶類型來區分：

將特定對象事先劃分出來。適當的給予相關的資訊給客戶，舉辦類似 VIP 客戶活動，不定期辦理相關講座，製作稅務及信託書面解決方案資料給特定客戶參考。

歸納市場，然後索取推薦客戶話術技巧

在前述章節裡提到ＣＲＭ是由已購買的客戶資料庫發展出一套理論，不管資料倉儲或資料分析，所進行的售前、售中、售後過程裡，績效是由新客源開發、原客戶再購和推薦新客戶產出。推薦介紹並非只是名單而已，其中蘊藏了潛在的客戶，也表示了提供名單者對你的信任。推薦介紹名單是透過原客戶、新客戶或朋友得來的。他們給你推薦名單的原因是因為他們跟對方有某種關係，而且他們相信你能提供最好的商品和服務。對方可能是他們的朋友、親戚、同事或是在社團活動中認識的人。

推薦介紹可以說是開拓新客戶的各種方式中，最有效而且最好的。為何推薦介紹是名單開發之最佳來源呢？根據統計資料顯示，你可以藉由推薦介紹獲得更多面談及成交的機會。各種新客戶來源的約訪成功率：

準保戶來源	約訪成功率
陌生拜訪	10%
信函開發	2%
朋友／舊識	60%
推薦介紹	50%

透過推薦介紹來取得名單，有二大利基：

比較容易取得信任：

藉由價值型核心客戶的推薦，協助你在比較有利的情況下，得以接觸你原先不認識的人。這些人會較樂意接見你，因為你對他們而言，並不完全是陌生人。想想看，你不也是較願意接見透過朋友所引薦的業務員嗎？因此，很多成功的業務人員一致認為，欲儘速與準客戶建立互信、互敬的良好人際關係，最有效的方法就是仰賴朋友熟人的推薦介紹。

比較容易取得客戶相關資訊：

你可透過共同的朋友或熟人，獲得關於客戶的重要資訊。這些資訊將有助於你與客戶接觸及洽談等。比方說：你由資訊中可掌握客戶家中成員、健康狀況、興趣、嗜好、以及其它狀況。這些新的資訊是我們與對方接觸時最有用之訊息。當我們在為客戶建議計劃時將更完整，亦更能滿足對方的需求。

新客源開發則需投入大量的行銷成本，但不一定產生顯著結果；原客戶的再購會因購買時間長短影響再購機會；推薦新客戶則需原客戶的滿意度或忠誠度提升。這也是本書所要提示的重點，以下就以面對面的推薦各項技巧來向你說明。

推薦介紹四步驟

1. 建立共識：

在進行面談時埋下伏筆，讓客戶了解不管是否成交，如果對方認為你的服務不錯，請提供一些推薦介紹名單。而當你進行銷售過程或服務時，先確認對方對你的服務與專業是否感到滿意，再引導到「介紹」是「幫助朋友」提供有用的資訊，以解決疑惑的問題。

2. 消除疑慮：

通常在要求推薦介紹時，多數出現的問題主要都是擔心被對方誤解，所以要讓客戶放心並再次讓客戶對你的專業與服務態度產生信服，切入重點，使對方相信來消除疑慮。

3. 運用價值型核心客戶影響力：

告訴被推薦客戶，價值型核心客戶的信任事蹟來證明你的重要性，這可以增加對方的信心，並使對方認同你。

4. 要求推薦介紹：

不論是哪個銷售環節，應主動養成要求推薦介紹的習慣。你要給對方的印象和表現專業，而提供的服務過程又能讓客戶滿意，相信你的績效提升是理所當然的事了。

推薦名單？

你希望能從價值型核心客戶得到的不僅只是一些名字而已，也要包括這些人的基本資料，以判斷他們是不是合格的準保戶。最後你希望價值型核心客戶能為你做強而有力的推薦。為了消除價值型核心客戶對你銷售的疑慮，你要強調是以客戶的需求為主，不會強迫銷售不適合的商品。因為你必須讓推薦的客戶有以下的認知：

1. 溝通過程及服務讓客戶滿意時才談銷售
2. 已與客戶建立良好關係的時候才談銷售
3. 銷售前先提供有價值的服務，例如，讓客戶期待你會給他有價值的資訊或是你想幫助他解決問題
4. 讓客戶瞭解從未思考過的問題，讓他們評估你的見解有沒有幫助

如果價值型核心客戶心存疑慮回答，他不確定誰會需要，你可強調他不需要擔心這個問題，因為這是你的工作。他只需要提供名單，你會再進一步去了解與判斷。

如何有效獲得推薦名單

1. 你提供價值型核心客戶成為分享人生經驗的機會

2. 價值型核心客戶能幫助你在事業上成功

以下話術提供參考運用：

【初次面談的轉介紹話術】

『我是××先生推薦介紹的，在我給您的簡歷和推薦函上，你也清楚我的想法和做法，因為我想要在這行業成功，我會盡力做好您的朋友和您對我的期許，我也會盡力讓彼此了解，和您對我在工作上的認同，同時讓您的親友也得到幫助。希望也得到您的推薦機會。』

【邀請客戶 分享感受轉介話術】

『××先生，您覺得我們討論後的方向是否對您有幫助？假如您同意類似的想法，最想和誰分享討論這話題？為什麼？』

『在您週遭的親朋好友裡，覺得那一位願意和您一樣接受新觀念而且是好相處的人呢？為什麼？』

【邀請舊客戶推薦親友轉介話術】

『**我需要您的幫助**』『××先生，有一件事情對我來說真的很重要！我一直想請教您，認識您這段期間您對我的服務滿意嗎？……我需要您的幫助！』

「我心裡一直有個想法想請教您！我希望在這份工作領域得到成功的機會，但是在拜訪時禮貌又不唐突，可否得到您的建議？也需要您的推薦！」

『**您是不是覺得我不夠好？**』「認識您這麼久，沒有得到您推薦親朋好友與我認識的機會，是不是覺得我不夠好？」

『**請給我成長的機會**』「和您認識相處的這段時間，您滿意我的努力嗎？可否讓您的親朋好友給我一些指導？我希望能得到您的推薦介紹，給我進步成長的機會！」

【推薦層次與話術】

推薦名單的四個層次

層次一：只有名單、電話，不能說推薦人名字。

層次二：有名單、電話，可以說推薦人名字。

層次三：如同層次二，但是有進一步的背景資料。

層次四：如同層次三，但是可由客戶幫你電話推薦及邀約。

推薦層次四的話術：

『××先生，謝謝您給我×××的名字，這幾天我就會打電話給他，我在想，也許他在接到我的電話之前，先讓他知道您讓我和他認識，我再撥電話給他就不會唐突了，而且對×××而言，我就不會是陌生人，您覺得這麼做會不會好一點？』

『××先生，謝謝您幫助我認識×××，我在想，或許×××會期待您能夠先給他電話，讓他知道您不是隨便將他的名字給陌生的業務員，您覺得這麼做會不會比較好一點！』

隨時提醒自己，只要堅信自己秉持誠信的態度，以客戶需求作為銷售與服務，相信無論成交與否，每一次的面訪都是獲得推薦介紹的最佳機會。

8 創意接觸，出奇不意的好點子

在銷售服務的過程中，有些細節應注意而未注意，是銷售的一大敗筆。我記得業務員常會把自己的豐功偉績逐一條列式的放在名片上或信上通知，試想，你的成績和客戶有甚麼關係？客戶要的是關心、關注和關懷，這是你的核心價值，而不是你的成績好不好？你要在與客戶互動的細節處找到你的價值發揮，而不是無端的送小禮物或是僅此寒嘘問暖，而是要了解客戶感受去做有感受的事。舉個例子，我真心的成為客戶的好朋友，聆聽他的抱怨與牢騷，後來到書局買了一本書和咖啡券送他，告訴他可以找一天下午出去走走喝杯咖啡看書，讓他的心情能夠得到舒緩。這樣的例子運用在工作上有很多類似的想法，從拜訪客戶的過程裡，觀察出價值型核心客戶在意些什麼？你可以做哪些事？

在此篇提到創意活動的設計前提，必須回到客戶資料庫中分析客戶所在意和喜歡的活動與興趣，做一彙整和記錄後所規劃的創意邀約客戶的方法。在這部份的執行上若有軟體的配合更是最好，我嘗試規劃在拜訪記錄，用「關鍵字搜尋」作為根基，讓拜訪記錄和RFM（Recency 最近一次消費；Frequency 消費頻率；Monetary 消費金額）模型相結合（見圖五—五）。由此可以很清楚知道，在每次的拜訪目的就是蒐集客戶資訊，讓日後能夠更清楚地，以客戶的資訊、喜好和在意的事情做設計規劃。

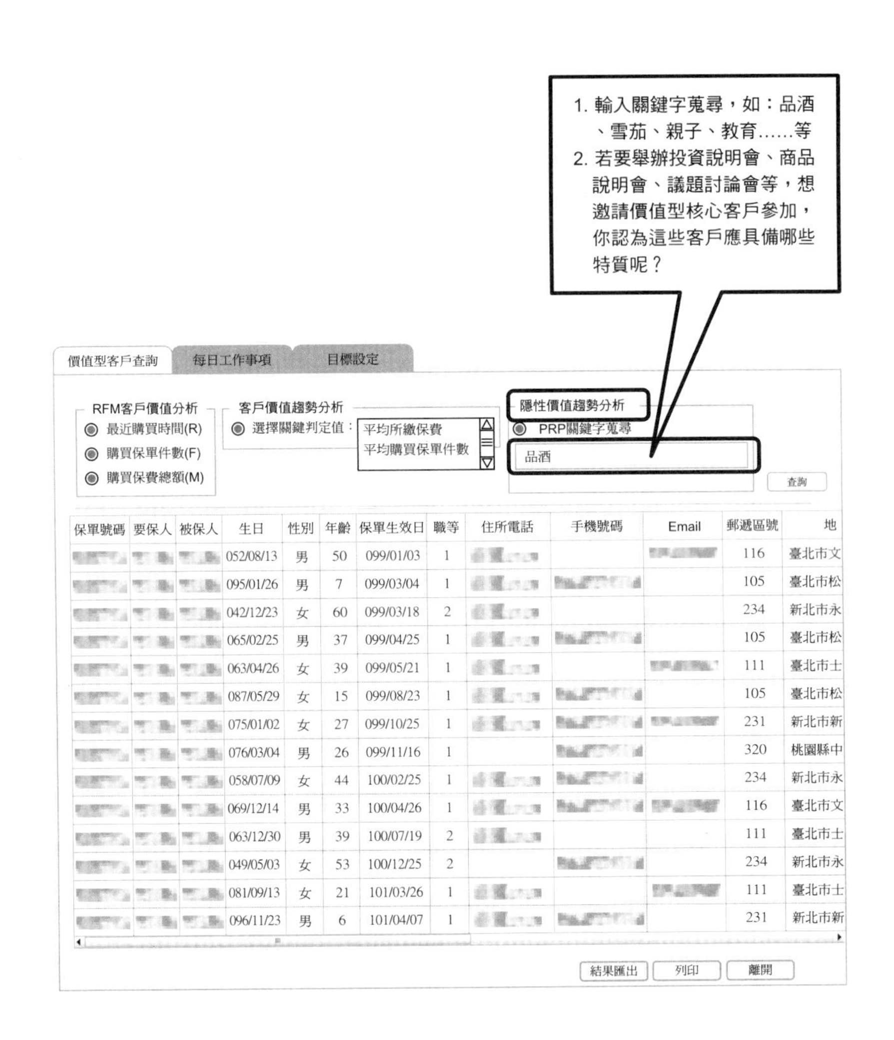

保單號碼	要保人	被保人	生日	性別	年齡	保單生效日	職等	住所電話	手機號碼	Email	郵遞區號	地
			052/08/13	男	50	099/01/03	1				116	臺北市文
			095/01/26	男	7	099/03/04	1				105	臺北市松
			042/12/23	女	60	099/03/18	2				234	新北市永
			065/02/25	男	37	099/04/25	1				105	臺北市松
			063/04/26	女	39	099/05/21	1				111	臺北市士
			087/05/29	女	15	099/08/23	1				105	臺北市松
			075/01/02	女	27	099/10/25	1				231	新北市新
			076/03/04	男	26	099/11/16	1				320	桃園縣中
			058/07/09	女	44	100/02/25	1				234	新北市永
			069/12/14	男	33	100/04/26	1				116	臺北市文
			063/12/30	男	39	100/07/19	2				111	臺北市士
			049/05/03	女	53	100/12/25	2				234	新北市永
			081/09/13	女	21	101/03/26	1				111	臺北市士
			096/11/23	男	6	101/04/07	1				231	新北市新

圖 5-5　從客戶資料庫中找出創意接觸的點子

以下就價值型核心客戶分析後的拜訪細節，可以參考以下運用的方式，進行創意的自我簡歷、重要客戶推薦函與電話技巧。

創意的自我簡歷

通常業務員並不會將自我簡歷作為銷售過程中的工具，認為這並不是應徵工作，何須做這事？但是我要強調的是，客戶大部分並不認識你，更何況是轉介紹的客戶？他們要如何在短時間認識你並且有初步的信任呢？主要目的是透過工具作媒介縮短彼此間的陌生感。

製作上應注意的事項：

1. 下一個介紹自己或工作的標題，例如，「我服務了×××個家庭」或「成為你信任的好朋友」等等
2. 姓名、學經歷、人生座右銘

3. 工作及重要事蹟

4. 分享當初投入這份工作的初衷（約一百五十字以內）

5. 對自我的期許的想法（約一百字以內）

最好使用專屬信封信紙；在拜訪時正式的親手交給你想經營的客戶，並且告訴客戶為何寫這封信的意義。

重要客戶推薦函

價值型核心客戶推薦他的親朋好友認識你，是無上光榮和信任你的舉動，你不是只接受被推薦與聯絡的動作，而是要先行準備一份推薦函，讓客戶知道你有多麼重視這件事，也讓推薦客戶有備受尊重的感受。

製作上應注意的事項：

1. 禮貌性說明
2. 推薦人對該商品的看法
3. 推薦人對我的肯定與價值
4. 謝謝給與機會
5. 推薦人簽名

用一般的影印紙、標楷體字型，可以連同自我簡歷一同奉上給被推薦客戶。

若是在一般書信的運用上，內容需包括：

1. 下一個好標題。
2. 用友善、平等的態度和客戶的角度來寫。
3. 使人印象深刻的陳述和事實的證明。
4. 把每個人都當作初次知道。

5. 告訴客戶現在可以做什麼？

6. 可以多使用附註符號 PS，PPS 等。

注意在電話運用上要注意的事：

1. 打電話前，盡可能取得完整的客戶資料，並詳加檢視記載內容和服務事項。

2. 別打沒有目的（閒聊）的電話。

3. 告訴對方你想帶給客戶的利益、機會和好處。

4. 讓對方有適當的選擇和確認雙方約定的事項（如時間、地點、處理方案）。

從問卷內容拜訪的過程中，前幾節已經討論出希望了解客戶對生活的價值觀，客戶對某些議題或嗜好、活動感興趣，所以我們可以針對價值型核心客戶，舉辦一個頗具規模的專屬客製化活動；

1. 邀客戶一同出遊。

2. 成立讀書會進行意見交流或回饋。

3. 商品或是理財退休等議題發表會，或籌組特殊意義日子俱樂部及特殊聚會，邀請客戶參加。

4. 運用創意設計些沒有壓力且客戶願意參與的活動。

5. 舉辦類似 **VIP** 活動或年度感恩會，請客戶推薦、給對象發推薦函。

6. 規劃類似老客戶回娘家活動。

7. 給你最有價值的核心客戶貢獻你成功的獎牌。

還有，針對文化性和公益性的活動規劃，可思考的重點有：

1. 主題：突顯台灣生活領域中已消失的生活型態和生活藝品。

2. 進行分工合作：集合各種人力，如藝品義賣、文化講座、兒童音樂發表會、表演、理財講座、富有人生講座、頒獎、贈送募集款儀式等後製作業。

3. 邀請：價值型核心客戶和推薦客戶免費參加活動。

4. 整合：與相關異業、活動單位共同舉辦住宿、義賣、紀念章、活動等。

5. 聚焦力：所有活動收入或利潤捐贈給民間慈善團體。

6. 活動時間規劃：旅遊&園遊。例如：理財／文化講座（下午）；義賣／表演／頒獎（晚上）；健康運動（清晨）；富有人生（講座&捐贈儀式）

產生有效的聚焦方法

1. 促銷、廣宣、DM、自我介紹：都是試圖讓那些能夠接受你的消費者，很快地了解你的產品、服務熱情（使結合其以往的消費經驗、偏好和直覺）。

2. 了解消費者的需求：要深入了解消費者在現實生活中，所遭遇到的壓力、心中的想法和期待。

3. 建立客戶可以參與的機制（如體驗、共同規劃），使能參與你對他們提供的商品或服務，有所參與和回饋意見。

4. 設法創造一種情境印象：一想到……就會想到你。

5. 展現關懷、關注的特質：使客戶對你的獨特性感到興趣。

6. 用真實面對（真心真誠）：除了說好，也分享瑕不掩瑜的小缺失和努力，使心有同感的接受（真實呈現比呈現完美更受歡迎）。

聚集氣味相投的夥伴

由簡單的買賣關係，進展為彼此發展出交情和同好，然後匯集人氣和消費需求，長久下來，千萬不要小看，這個族群的消費能力就會有移山倒海的主導能耐。

逐一拜訪你認為合適的對象，當然你如果覺得逐一拜訪，速度太慢，也可以用書信，將大家一起集合起來作說明。但，別忘了，這也是拜訪客戶時練習話術和進一步瞭解的機會。

舉例來說，或者籌辦一個婆婆媽媽俱樂部，或者發揮更多的創意，總之就是要透過活動、透過團體讓客戶願意說且真誠地表達，而我們就是聆聽客戶、滿足需要。因此過程中，我們可以主動邀請客戶來談一談，或者乾脆直接定下「每月來賓日」，讓大家在固定的時間約定見面，進而建構一個主動出擊的回饋系統。

當我們可以專注於研究客戶的不滿所在，以便追蹤改善，鼓勵客戶常常發出聲音，給建議、給推介、給口碑，或是送給特定客戶專用行動電話，都是可以運用的方法。然後，去用心觀察客戶的反應、對手的反應和對手的客戶的反應，投入時間和精力去檢討過去和評估未來對待客戶的模式。

9 把握重點，確實提高工作效率

接觸等於商機（樂在接觸），所以接觸時應做好：

1. 建立彼此良好而妥善的關係。
2. 運用提問、傾聽、分析的技巧，讓客戶在與你交談中，釐清自己的需求和各種決策考量。我們也能從中了解客戶現況、需要和重視、關心的要點。
3. 在全力了解客戶的情況和需求後，思考最佳的解決方案（直接和間接）。
4. 主要的目的是讓價值型核心客戶能夠更成功、愉悅、獲益和得利。

每一次的接觸都是可貴的商機

慎重地看待每一次的接觸。我們必須打從心底把價值型核心客戶都當成重要的大客戶，第一次接觸就設法創造第一次交易，第一次交易就設法創造第二次交易，小的交易就設法創造大的交易，依照這樣的方法來作，就會有信心構築彼此美好的互動。即使面對互動不良的客戶，仍應該讓他知道我們很感謝他。

使人信賴的幾個小技巧

1. 互動和溝通的作法要與自己的行為模式相符。
2. 注重互動環境的影響因素。
3. 要有非語言性的行為配合：
   A. 感覺自在的距離。
   B. 舒服的肢體姿勢。

C. 身體稍為前傾。

D. 直接而平等的面對。

E. 高頻率的視線接觸。

F. 不具威脅性的觸摸（或擁抱）。

高效率的工作方法和執行力

在有限的工作時間內，生活品質不受工作影響的原則中，把事情有效率的完成，並明確定出目標。

從書信連絡、電話接觸到約訪見面：重點在於尋找有交易的機會，並做好固定的時間做固定的事。

1. 每天進行客戶來訪：必須拜訪至少一位的價值型核心客戶，尋求蒐集可達成交易的資訊。

2. 每日早上做好行前客戶資訊分析：了解如何增進情誼和提供資訊需求機會。

3. 每半年進行價值型核心客戶家庭聯誼：增進情誼和尋求在開發機會。

4. 舉辦年度活動：積極創造雙贏局面（回饋感謝 VIP 或促進忠誠機會）。

10

溝通，一點也不難

溝通的重點在於，在交談中應該要引起對方的注意、興趣或驚異，然後在對方主動詢問中提供思考，使情勢轉變為鼓勵對方交談和溝通的過程。因此，你必須注意：

1. 溝通的目的宜放在情感的增進上，而不是企圖想要尋求對方購買願意。
2. 選擇在對方有時間聆聽、適當不吵雜地點和有意願、恰當的人進行溝通。
3. 要有吸引人的內容（如情感上的聯繫）。
4. 與溝通的對方息息相關（針對對方的可能需求而言）。

5. 溝通的頻率要適當，別讓人覺得浪費時間又沒效率。

6. 有創意、能解決問題的方法。

而且，要記得相信你所感受到的，而不是去附和別人，不要在尚未接觸、傾聽、溝通前就先給答案。認真誠摯地向他人詢問，如果不知道，就從承認不知道開始開口；換句話說，只要態度是率直而未加修飾的承認，並請別人毫不保留的告訴我們，那麼，也會在無形中贏得別人對我們的好感。

成功地與人溝通

1. 先袪除自己對他人冷漠、漠不關心和傲慢的態度。

2. 不要把批評、反應問題、抱怨視作是冒犯和攻訐，要認為是來使你更好的。

3. 克服彼此的心理障礙或心結（恐懼、惰性）。

4. 衝突的處理：先說對不起是一種有擔當、負責到底的表示。

5. 以客戶的身分、立場來看事情和提供協助。

6. 輕觸的魅力不只是身體上的感受，而在於傳遞和聯繫著彼此的關懷和安慰，所以溝通應達成輕觸的效果。

7. 傾聽是讓自己懂得修正判斷、偏見、假設、不友善、驟下斷語。

8. 用正確的態度回應：如母親對嬰兒的感知和互動，和無主觀判斷的回應，或者是用心理醫師對咨詢者的引導和反應。

9. 發問是用各種不同的角度問、用問句回答。而表達則用讚許的態度、具體內容、可行方案、或同一戰線的立場。例：你的表現令人印象深刻喔！為了……，我建議……

著名的心理學家 Alert Mehrabian 認為溝通成功與否決定於：內容百分之七，語氣百分之三十八，身體語言、態度、眼神百分之五十五。

你有沒有用心傾聽客戶

女為悅己者容、士為知己者死。足夠的參考資訊，可徹底了解客戶。在與客戶互動時，用心聽客戶說什麼？想什麼？要什麼？考量什麼？在乎什麼？如何做決定？什麼時間做什麼？……等等，雖然沒有什麼固定的模式和話題，但留心去觀察、感覺客戶的種種訊息就可以掌握到許多重點。

譬如客戶喜歡和不喜歡的是什麼？在意的是有哪些？渴望能做到是什麼？可以被取悅的方式是什麼？被惹惱的又有哪些？

把握每次與客戶互動的機會，設法讓客戶願意無所保留的暢言或提問，然後用心地、安靜地傾聽，才能有效地了解客戶的動態、現況和需求，再設法滿足他。在接觸當中，我們應該可以聽到一些：在回答我們所準備的關鍵問題時，說了什麼？主動詢問或積極建議時，說些什麼？幫我們向他人推薦時，說些什麼？批評挑剔或強烈抱怨不滿時，說些什麼？而你說了什麼？做了什麼？又給了怎樣的回應？

後記

用心經營，是創造業績的不二法門

我知道許多公司在面對大量的客戶資料庫時，總想做些甚麼事讓公司擁有更高的績效和利潤，同時也進行了客戶分析，希望藉由分析後舉辦的客製化活動，能夠讓客戶再次購買及轉介客戶，如果不能體認到，客戶是由業務人員經營得來的，那麼花了許多的精力與物力，成功的機率能夠持續和擴大嗎？

寫這本書的同時，亦得到長官的支持，讓我把多年來自己實證後的經驗，再次用在我的工作上；使得我得以運用所學專長，將ＣＲＭ中 Data Mining（資料探勘）發展創新觀念與突破傳統方式，並遴選了擁有上千上百位客戶的資深同仁，將訓練、理論與實務相結合，進行為期長達十個月的ＣＲＭＳ（Customer Relationship Management System）專案，在期間內，業務員從慣性的傳統銷售模式下不斷挑戰，最後看到改變且贏得業務員對此專案的信任，是讓我將此書付梓的最大動力。希望藉此能提供業界未來訓練模式的創新寶貴經驗作為參考。我也同時將這經驗，參加官方主辦的「人力培訓卓越獎」，並將此過程列入到我的博士論文中繼續研究。

在這訓練的過程裡，有幾位資深夥伴的心得讓我深深感動：

「我整合了一千五百位客戶，並逐一篩選出核心客戶，在時間管理上就更能夠精確地進行核心客戶的經營與服務。」

「核心客戶的經營，是必須要深入了解客戶，並親力親為的處理事情。讓核心客戶知道自己的工作態度、明白自己能了解他的想法並會設法解決擔心的事，同時讓核心客戶在服務的過程中瞭解他和別人不一樣，才能真正取得認同及後續的協助支持。」

「透過顧客關係圖的建立，尋找出多位核心客戶；更讓自己深深感動的是，自己的核心客戶從第一張開始，陸陸續續累計到全家已擁有四十七張保單的保障，更有不斷強力推薦介紹的核心客戶，讓我感受價值無限，也更堅持務必要將服務落實回歸基本面，為忠誠的保戶們提供更符合其需求的規劃。」

「在此非常感謝品睿老師，還有教育訓練部的全體同仁，在每次的課程，和ＣＲＭ的會面，耐心的一次又一次的要改變我們如此頑固的慣性模式，而還沒有被挫敗。也許我們是想好好的挫敗你們，我們才故意攜帶著這麼強大的慣性考驗著彼此，但那同時也放大了那個慣性模式，讓我們聚焦去正視它，面對它的機會，同時有看見的能力。」

透過這本書希望告訴從事業務的夥伴，商品、各項成交技巧和價格並不是吸引客戶的不二法門，而是要把「心」放在經營你的客戶上，用科學的方法讓你每一次拜訪都深具價值。也藉由這本書的意義來提升你的工作機會，和提高你的工作品質，亦能夠帶給您豐厚的收入去照顧更多的客戶。

本書若有任何不夠周詳和完整之處，期盼得到您不吝指正！

人生立命，全在腎陽，養足腎陽千年壽

養生要養腎陽

北京著名中醫養生專家　薛永東／著
中華民國傳統醫學會理事　呂文智中醫師／審訂推薦

作者以深厚的學養和數十年行醫經驗，為現代人解釋何謂腎陽、腎陽之於人體的重要性，詳述腎陽與腎陰、腎陽與五臟六腑的關係，並搭配實際診療案例，說明日常生活中如何透過食物的調養、情緒的撫慰、經絡的按摩以及簡單的運動，輕輕鬆鬆達到補腎養陽、青春健康及延年益壽的效果！

◎現代男女都要看的補腎書！

別笑！女人也有「腎虛」的問題！皮膚乾澀、頭髮毛躁、痘痘、眼泡、黑眼圈和惱人的肥胖問題，很可能都是腎虛引起的！
男性朋友，請正視「補腎」的需要！補腎不等於壯陽！現代男性工作壓力大，容易造成夜尿頻多、精神倦怠、腰酸腿軟、失眠健忘、胸悶氣短或記憶力衰退等「腎虛」症狀。

◎超實用日常生活補腎法搶先看！

★ 養腎食譜：提供多道美味食譜，從每天的飲食中滋養腎陽！
★ 益腎茶飲：建議多種茶飲及甜品，在辦公室中也能輕鬆補腎！
★ 強腎運動：簡單易做的溫腎運動及功法，強身健體不生病！
★ 補腎按摩：透過經絡穴道的按摩，空閒時間隨時補腎兼去脂！

歡迎進入 Facebook：「養生要養腎陽」
一同分享養生之道

國家圖書館出版品預行編目資料

CRM 銷售心法／李品睿著. -- 一版. -- 臺北市：八正文化, 2013.09
面；　　公分

ISBN 978-986-89776-1-7（平裝）

1. 銷售

CRM 銷售心法

定價：320

作　　者	李品睿
封面設計	蔡卓錦
版　　次	2013 年 10 月一版一刷
發 行 人	陳昭川
出 版 社	八正文化有限公司 108 台北市萬大路 27 號 2 樓 TEL/ (02) 2336-1496 FAX/ (02) 2336-1493
登 記 證	北市商一字第 09500756 號
總 經 銷	創智文化有限公司 23674 新北市土城區忠承路 89 號 6 樓 TEL/ (02) 2268-3489 FAX/ (02) 2269-6560

本書如有缺頁、破損、倒裝，敬請寄回更換。

歡迎進入～

八正文化　網站：**http://www.oct-a.com.tw**

八正文化部落格：**http://octa1113.pixnet.net/blog**